수數학을 시로 말하다

— 수학을 알면 미래가 보인다 —

수數학을 시로 말하다

– 수학을 알면 미래가 보인다 –

이시경 지음

For my family and students

차례

머리말   10

1부   수의 탄생 이야기

1장   수학이 시를 만나다   17

2장   수학을 알면 미래가 보인다   25

3장   수는 영원히 빛나는 보석이다   31

3.1 수들의 탄생   32
- 0의 탄생   32
- 수들의 의미   34

3.2 수들의 진화   44
- 유리수   44
- 신성한 수와 피타고라스   45
- 삼각수와 사각수   46
- 무리수의 혁명   48

3.3 우주로 향하는 초월수   50
- 원주율, π 50
- e라는 초월수   55

3.4 미래를 꿈꾸는 보석들   57
- 허수, 고등 학문의 언어   57

- 세상에서 가장 아름다운 꽃   60
        - 사원수, 꿈의 수인가?   62

4장 수열은 게임이나 별자리   65
    4.1 수열의 탄생   65
        - 정수열과 OEIS   71
    4.2 피보나치수열   73
        - 토끼 번식 문제   74
        - 수벌의 가계도   75
        - 솔방울   76
        - 파인애플   76
        - 꽃잎의 수   77
        - 황금비   78
        - 주가 변동   81

2부   수학의 꽃 이야기

5장 수학이 있으면 해답이 있다   85
    5.1 해답은 무엇인가   85
    5.2 수학적 모델링   90
        - 미분은 수학의 꽃이다   92
        - 방사성 붕괴   94

- 자유 낙하 운동　97
- 빛의 세기의 변화율　98
- 코로나바이러스의 대유행　100

6장　생활 속의 숨은 지배자　107

6.1 기계적 시스템 속의 미분 방정식　108
- 원자 시스템　109
- 건축물과 교량　110
- 단순 조화 진동자　111
- 감쇠 진동자　114
- 구동 진동자　116
- 공명　119
- 물질에서의 빛의 흡수　121
- 전자레인지　121
- 그네 타기　122
- 타코마 다리 이야기　123

6.2 전기적 시스템 속의 미분 방정식　126
- 1차 미분 방정식의 탄생　127
- 저항-콘덴서 회로　129
- 저항-인덕터 회로　131
- 2차 미분 방정식의 탄생　133
- 공진 회로　134

7장 파동의 어머니　137
7.1 파동 방정식　138
7.2 호모사피엔스 파동　141
- 우리는 파동인가?　141
7.3 전자기적 휴먼 파동　143
- 휴먼 파동은 어떻게 진행하는가?　146
- 휴먼 파동도 다양한 편광이 있다.　148
- 휴먼 파동도 색깔이 있다.　149

8장 세상은 연립 방정식이다　151
8.1 전기 회로망　152
8.2 휴먼 회로망　155

9장 시공을 넘나드는 마술들　161
9.1 푸리에 변환　163
9.2 라플라스 변환　166

맺음말　172
참고문헌　174
미주　177

머리말

　세계 3대 수학자로 꼽히는 독일의 천재 수학자 가우스는 이렇게 말했다.

　　수학은 과학의 여왕이고 정수론은 수학의 여왕이다.

　그의 말처럼 일찍이 농경 시대에서 자연스럽게 싹이 튼 정수로부터 시작된 수학은 오늘날 과학 문명의 꽃을 피운 주역이 되었다. 지금도 수학은 계속해서 발전하고 세분화되면서 컴퓨터 과학, 물리학, 공학, 암호학, 경제학 등 다양한 응용 분야에서 필수 도구가 되고 있다. 스마트폰, 컴퓨터, 인공지능, 인터넷, 텔레비전을 포함하는 모든 과학의 산물들 속에는 다양한 수학이 들어가 있다. 따라서 공부하는 학생이든 사회생활을 하는 일반인이든 지금의 첨단과학 시대에 잘 적응하기 위해서는 이들의 뼈대가 되는 수학을 개념 정도라도 이해하는 것이 필요하다.

　세상에는 이미 수학에 관한 책들이 넘쳐난다. 어떤 책들은 초등생들도 읽을 수 있도록 쉽게 쓰였고, 어떤 책들은 특별히 수학에 관심이 있는 대학생이나 일반인들을 위해서 깊이 있게 쓰였다. 이렇게 다양한 수학 서적들이 있는데 필자가 여기서 굳이 비슷한 수학책 한 권을 더 남긴들 무슨 의미가 있겠는가?

이번에 특별히 세상에 내놓게 된 이 책은, 기초 수학에서부터 현대 수학에 이르기까지 수학의 중요한 개념들을 일부 '시'에 담아서, 수학을 어려워하고 기피하는 사람들도 흥미를 갖고 읽을 수 있도록 구성되었다.

대부분의 사람들은 수학과 시는 서로 다른 분야라고 생각한다. 그러나 그러한 생각과는 달리, 시와 수학은 의외로 닮은 데가 많이 있다. 그래서 오래전부터 과학자/수학자들은 수학을 '수학 시'라고 부르거나, 수학의 개념을 '시'를 지어서 소통하려고 했다. 이탈리아 수학자 타르탈리아가 1539년에 3차 방정식에 대한 해법을 '시'로 그의 친구 수학자에게 알려 준 일화는 아주 유명한 이야기이다.[1] 그리고 영국의 수리 물리학자 켈빈 경이 '푸리에 방법'을 한 편의 '수학 시'라고 말한 것이나, 아인슈타인이 "수학은 그 자체로, 논리적 사고의 시이다."라고 말한 것도 실은 수학이 시처럼 아름답고 간결한 언어라고 생각했기 때문일 것이다.

필자는 수십 년 이상을 대학 강단에서 직접 수학을 가르쳐 왔다. 그 시절 수업을 진행하면서 이렇게 자신에게 질문을 던지곤 했다. "어떻게 하면 학생들에게 수학을 재미있게 가르칠 수 있을까?" 그래서 필자가 생각해 낸 것은 수학 강좌에 시를 접목시켜 보는 것이었다. 이번에 『수학을 시로 말하다』를 집필하면서 곳곳에 시인인 필자의 시를 비치한 것도 공학수학을 가르칠 때 학생들의 집중도를 높이기 위해서 사용했던 아이디어임을 밝힌다.

지금까지의 수학사를 보면 원주율, 미적분, 푸리에 변환, 리만 기하학 등의 발견으로 인해 우리 과학이 크게 발전했음을 알 수 있다. 앞으로도 새롭고 흥미로운 수와 수열, 그리고 변환 방법들이 계속해서 출현하여 과학계를 뜨겁게 달굴 것으로 본다. 그뿐만 아니라 더 나아가서는 인간 지능을 초월하는 양자 알고리즘, 차원을 넘나드는 변환 기술, 통일장 방정식 등이 혜성처럼 등장하여 인류의 과학 문명을 더 크게 발전시켜 줄지 모른다.

이 책에는 수의 탄생과 진화, 수열 이야기, 코로나바이러스 대유행, 주식 이야기, 해답에 대한 개념, 미분 이야기, 호모사피엔스 파동, 타코마 다리 이야기, 시공을 넘나드는 마술 이야기 등이 등장한다. 이 책을 통해서 '수학은 현재 우리 삶에 지대한 영향을 미치고 있고, 앞으로도 세상을 지배할 수 있다'라고 독자들이 새롭게 인식하게 되길 바란다. 본문은 크게 1부, 2부로 나누어져 있으며 총 9개의 장으로 구성되어 있다. 1부에서는 누구나 쉽게 읽을 수 있도록, 역사가 오래되어 우리에게 매우 낯익은 수와 수열을 포함한 기초 수학에 대해 주로 다루었다. 2부에서는 우리 주변의 자연 현상과 공학 문제들을 '수학적 모델링'을 통해서 들여다보고자 하였고, 이때 등장하는 다양한 '미분 방정식'에 대해서도 개념 위주로 살펴보았다. 여기에는 코로나바이러스 확산 문제를 비롯한 일상의 주기적/기계적 문제들이 다수 포함되어 있다. 그밖에 파동 방정식과 연립 방정식에 대해서도 소개하고 있다.

이 책에는 수학을 꺼리는 일반인들도 흥미를 갖고 수학의 일부 개념만이라도 오래 기억할 수 있도록 장마다 시들을 수록하였고, 시들을 통해서 수학을 개념 위주로 재미있게 설명하고자 했다. 그러나 간간이 출돌하는 수식이나 수학 개념이 어렵게 느껴진다면 그 부분은 건너뛰어도 무방하다. 여기에서는 수학의 방대한 주제 중에서 일부만을 한정하여 다루었으나 더 다양하고 자세한 내용을 알기 원하는 독자들은 주석이나 참고문헌을 찾아보기를 권한다.

이 책을 통허서 현재뿐만 아니라 앞으로도 '수학이 흥미롭고 우리 삶에 지대한 영향을 미칠 것이다'라고 새롭게 인식하게 되었으면 한다. 시와 함꺼 약간의 상상력을 데리고 '수(數)학 여행'을 즐기시길 바란다.

1부

수의 탄생 이야기

'시는 삶을 풍요롭게 하고,
　　　　수학은 삶에 깊이를 더해 준다.'

1장 수학이 시를 만나다

'수학나라는 시가 흐르는 디즈니랜드이다.'

사람들은 수학을 어떻게 생각할까?

초등학생이든 대학생이든 그들에게 한번 물어보라.

재미있다고 답할까 아니면 대다수의 학생들이 지겹고 어렵다고 생각할까.

대학에서 수학을 가르친 지 그래도 꽤 되었던 어느 수업 시간이었다. 보통 강사들은 강의를 시작하기 전에 우선 출석부터 확인한다. 필자도 학생들의 출석을 체크하기 위해서 일일이 출석부에 나와 있는 명단의 순서대로 호명해 보았다. 그날도 거의 모든 학생들이 출석했던 것 같다. 그러나 문제는 그 뒤에 일어났다. 수업이 진행되면서 빈자리가 하나 둘 늘어나기 시작했다. 아니, 왜 이런 일이 일어날까? 나는 당혹감을 숨긴 채 출석을 재차 부를 수밖에 없었다. 물론 여러 가지 특별한 이유가 있었을 것이다. 그러나 한 가지 추측할 수 있는 것은 수강생들이 수학이라는 과목에 대해서 별로 흥미를 느끼지 못했기 때문일 것이다.

이 과목이 바로 악명 높은 '공학수학'이다. 우리 대학에서 교재로 사용했던 공학수학 책은 분량이 천 페이지가 넘어서 두 학기 이상으로 나눠서 강의한다.[1] 이 과목은 공학을 전공하는 학생이면 모두가 반드시 수강해야 졸업할 수 있는 기초 필수과목이어서 내 강좌도 꽤 많은 학생들이 수강했다. 물론 수업에 집중하는 학생들도 많이 있었으나 집중하지 못하고 졸거나 딴짓을 하는 학생들도 많이 눈에 띄었다. 아마도 이런 현상이 나타나는 것은 학생들이 왜 꼭 이 과목을 배워야 하는지 모르고 필수과목이니까 그냥 대충대충 공부해서 학점이나 따자는 식으로 수업에 임하는 것은 아닐까 하는 생각이 들었다. 이러한 학생들의 수업 태도로 인해서 나는 가끔 절망에 빠진 채 다음과 같은 질문을 나에게 던지곤 했다.

어떻게 하면 수강생들의 집중도를 높일 수 있을까?
공학수학이 재미있다는 생각을 학생들에게 갖게 할 수는 없을까?

요즘처럼 까다로운 대학생들에게 본질적으로 딱딱한 수학을, 더군다나 수강생 중에는 외국에서 유학을 온 외국인들이 꽤 있었기 때문에, 영어로 재미있게 가르친다는 것은 나에게 굉장한 도전이었다. 어느 여름날이었던가, 가을학기 개강을 앞두고 그 당시에 내가 겪었던 고뇌를 시에 담아보았는데, 그 시의 제목이

「납덩이」였다. 시의 제목이 왜 납덩이였고 납덩이가 무엇을 의미하는지는 다음 시를 읽어보면 알 수 있을 것이다.

그가 무겁게 입을 다물고 있다
그에게 자주 가까이 가려고 했으나
나의 게으름은 늘 핑계를 만들었다
그러나 시간은 계속 달리고 있었다

잠시 풀린 구두끈을 고쳐 매는 사이
자꾸만 쌓이는 서류 더미의 중심에서 밀려
입이 부어 있는 그에게 다가갔다
눈이 마주치자 뭔가 얘기할 듯하다가 이내 고개를 돌렸다
개학이 다가올수록 납덩이처럼 무거워지기는 나도 마찬가지
지루함과 무료함이 네가 갖고 있는 전부인데
숫자와 함수와 방정식을 빼면 뼈와 해골만 남는데
너를 데리고 식성이 까다로운 그들 앞에 설 것을 생각하니
솔직히 차일피일 미루는 것이 나아 보였다

"목소리가 너무 작아요, 진도가 너무 빨라요"
"영어 발음이 좋지 않아 이해가 잘 안돼요"
이들 문제는 제쳐 두고라도
너와 내가 충분히 준비하고 결탁하여
놈들의 욕구를 채워 주고

우리도 그리하자는 것에 나도 동의한다
숫자가 나올 때는 숫자를 해체시켜
꼬투리를 잡아 시처럼 확대하고
별이나 우주로 증폭시켜 우선 분위기를 탱탱하게 긴장시키자
함수가 나타날 때는 진부하지 않은 사랑 이야기로 끌고 가자
방정식을 다룰 때는 이미 많은 탈락자가 필연이나
이른 봄에 매화가 피는 것, 라일락 향기에 연인들이 사랑에 빠지는 것, 가을 단풍길 따라 코스모스 피고 지는 것, 학생들이 졸업하여 취직하는 것이
모두 방정식이라고 그들을 제압하여
끝까지 끌고 오면 어떻겠니

3킬로그램짜리 공학수학 책은
시들시들 죄인처럼 말이 없었다

- 「납덩이」 전문, 『n평원의 들소와 하이에나』, 『쥐라기 평원으로 날아가기』

 우선 교재로 사용했던 공학수학 책은 위 시에서 암시하듯이 그 무게가 납덩이처럼 무거웠다. 그래서 강사가 공학수학 책을 들고서 수업 시간 내내 강의한다는 것은 무슨 큰 형벌을 받는 것이나 다름이 없었다. 학생들도 무게가 2킬로그램이 넘고 두께가 6센티미터나 되기 때문에 공학수학 책을 두세 등분으로 나눠서 가지고 다니지 통째로 가방에 넣고 다니는 학생들은 아주 드물었다.

물론 지금은 종이의 질이 좋아져서 책의 두께도 좀 얇아졌고 무게도 조금은 덜 나가지만 말이다.

　이러한 악조건 속에서 수강생들에게 수학에 흥미를 갖게 하려고 내가 사용한 방법 중 하나가 새로운 수학의 개념을 배울 때마다, 시를 지어서 종종 인터넷 캠퍼스(i-campus)에 올려주는 것이었다. 처음에는 수학 시간에 시를 언급하는 것조차 신중하게 생각했다. 하지만 우리 삶 주변을 한번 둘러보라. 어느 것 하나도 수학과 무관한 것이 있는지. 어느 것 하나도 시르 노래할 수 없는 것이 있는지, 그것이 건축물이든, 전자기기든 또는 우리의 삶이든지 말이다. 뒤에서 좀 더 자세히 설명하겠지만 분명히 우리 주변의 거의 모든 것들은 수학으로 다룰 수 있는 시스템들이다. 그것이 기계적이냐 전기적이냐 혹은 생체적이냐 추상적이냐의 문제만 서로 다를 뿐, 그들은 분명히 수학으로 해석할 수 있는 시스템들인 것이다.

　우리 삶 주변의 모든 것들이 한마디로 수학 이야기들이라고 말할 수 있다.

　수학을 잘 모르는 이들은 이러한 의문을 품을 것이다. 어떻게 우리 주변에 있는 건축물이나 전자기기가 수학과 관련이 있지?
　우선, 여기서 스마트폰을 예로 들어보자. 스마트폰은 오늘날 현대인들에게 없으면 불편을 느낄 정도로 누구에게나 필요한 전자기기 중 하나이다. 이 기기에는 수많은 전자 부품들이 집적되어 있고 또한 그 속에는 셀 수 없이 많은 전자회로들이 있다. 이

때문에 스마트폰은 엄청난 숫자의 전자회로들의 집합체라고 볼 수 있다. 보통 비교적 간단한 전자회로의 경우라도, 회로를 통해서 흐르는 전기량(전류 또는 전하량)이 시간에 따라서 어떻게 변화하는지를 알려면 미분 방정식을 풀어야 한다.[2] 따라서 스마트폰과 같이 복잡한 전자기기들의 문제들도 깊이 들여다보면 방정식의 문제이며, 한마디로 말해서 수학의 문제인 것이다.

우리 삶도 마찬가지이다. 날마다 우리가 경험하는 일이지만 우리 삶이 항상 일정하지 않다. 건강 상태가 오르락내리락하고, 희로애락이 반복된다. 기쁘다가 슬프고 슬프다가 다시 기쁘다. 아무리 영향력이 있는 부자라도, 권세가 하늘을 찌를 듯이 막강한 권력자라도 예외는 없다. 그들의 삶도 세상이라는 바다를 건너가는 파도처럼 시공을 따라서 진행할 뿐이다. 인생이라는 파도의 마루와 골은 반복될 것이고 파도의 높이는 점점 더 낮아지다가 언젠가 멈출 것이다.

이처럼 우리 인생도 파도처럼 오르락내리락하면서 진행한다. 나중에 더 자세히 설명하겠지만 파도는 광파(빛의 파동)나 전자파(전자기의 파동)와 같은 파동(wave)이다. 이들 파동의 특징은 시공을 이동하는 궤적이, 파동 방정식이라고 불리는 방정식에 의해서 주어진다는 점이다.[3] 따라서 인생도 파동과 비슷하다는 점에서 앞으로의 우리 삶의 궤적도 파동 방정식을 풀어서 예상해 볼 수 있지 않을까?

그런데 시는 무엇인가?

우리가 삶 속에서 겪거나 느끼는 것들을 예술적으로 노래하는 것이 시이다. 종종 우리 삶이나 주변을 깊이 들여다보면 그 속에 어떤 규칙이나 수학이 있음을 발견하게 되는데, 시인은 그것을 시 속에 담아낼 수 있다. 다시 말해서 우리 삶을 수학의 문제와 연결해서 깊이 들여다보면 우리는 오묘한 진리를 발견할 수 있고, 그때마다 우리의 사고는 더욱더 깊어질 뿐만 아니라 시와 함께 수학을 공부하는 재미도 더해질 것이다.

여기서 잠깐 필자의 경험부터 얘기해 보자. 실제로 공학수학 수업 시간에 수학 개념과 관계되는 시를 보조 수업자료로 올려주면서 학생들의 반응을 살펴본 적이 있었다. 반응의 결과가 어땠을까? 공학을 공부하는 학생들답게 여전히 차갑고 냉담했을까? 아니면 어느 정도 관심을 보였을까?

결과는 꽤 긍정적이었다. 남학생과 여학생들 사이에 다소 차이는 있었지만 대체로 시를 도입한 이후부터 학생들의 수학에 대한 관심도가 높아졌던 것 같다. 한마디로 학생들은 수업에 더 집중했고 그들의 눈망울은 보석처럼 초롱초롱 빛나기 시작했다. 놀라운 변화였다.

이러한 변화 이후부터 나는 어렵고 딱딱한 수학에 대한 개념들을 쉽게 그리고 재미있게 가르치기 위해서, 공학수학 시간에 시를 동원하는 것을 두려워하거나 주저하지 않았다. 이 책을 쓰게 된 동기도 '수학이 어렵다기보다는 오히려 재미있고 흥미롭다'라는 것을 알리는 데 있다. 이 책의 제목이 『수학을 시로 말하다』

인 것은, 시를 통해서 딱딱한 수학적인 개념을 독자들에게 부드럽게 다가가기 위함이다. 이 책은 공학수학을 수십 년 동안 강의하면서 얻은 필자의 경험을 토대로 만들어졌다. 이 책에 등장하는 시들 일부는 수업 시간에 보조 자료로 성균관대학교 인터넷 캠퍼스(i-campus)에 올린 자료들이라는 것을 밝힌다.

2장 수학을 알면 미래가 보인다

'수학은 수식으로 말하는 예언서이다.'

주식과 관련된 이야기부터 먼저 꺼내 보려고 한다. 해마다 어김없이 설 연휴가 찾아온다. 그때마다 구정을 앞두고 주식을 갖고 있던 회사나 개인들이 현금화를 하기 위해서 주식을 한꺼번에 매도하는 바람에 주식이 일제히 크게 하락하곤 한다. 그러나 큰 폭의 하락이 있으면 차익을 노리는 수요가 급증하기 때문에 다시 오르기 마련이다. 상승 폭은 경제가 그리 비관적이지 않다면 하락한 만큼은 오를 것이고 상승은 구정이 끝나면서 시작될 것이다. 물론 정확한 상승 폭과 상승 속도 등은 국내외의 여러 가지 변수에 따라서 달라지겠지만 말이다.

이렇게 대충이라도 예측해 볼 수 있는 것은 주식이 파동처럼 시간에 따라서 출렁이는 함수로 볼 수 있기 때문이다. 간단히 말해서 수학을 알면 주식이나 파생 상품의 변동까지도 어느 정도는 예상할 수 있다고 말할 수 있다.*

우리의 삶도 별반 다르지 않다. 우리의 몸을 잠깐 들여다보자. 우리 인체는 30조 개 이상의 세포로 이루어져 있다. 이들 세포는 수명이 다하면 소멸한다. 그러나 소멸과 동시에 건강한 몸에서는 끊임없이 새로운 세포들이 다시 생겨난다. 어릴 때는 소멸하는 세포의 수 이상으로 세포들이 생성되지만, 성인이 되면 생성되는 세포의 수가 급격히 줄어든다. 이들 세포 수의 감소는 그들이 담당하는 각 기관의 기능 저하를 가져온다. 이러한 현상을 우리는 노화 현상이라고 부른다. 만일 우리가 생체 관련 수학을 잘 알고 있다면 인체 각 기관의 살아 있는 세포 중에서 얼마 만큼씩 날마다 소멸하고 생성되는지를 알 수 있기 때문에, 인간의 수명도 수식을 통해서 예측해 볼 수 있을 것이다.

사람은 누구나 처음에 태어나서 유아기와 청소년 시절을 거쳐 노인으로 늙어간다. 그가 누구이든 예외일 수는 없다. 하나의 함수($f(x,y,z,t)$)로 간단히 그의 삶을 나타내면 그는 시간(t)에 따라서 흘러가는 파동과 같다고 볼 수 있다. 여기서 삶이란 육체적·정신적인 상태나 사회적 지위를 아울러서 말하며, 삶이 파동과 같다는 것은 이 삶의 상태가 시간과 위치(x,y,z)에 따라서 계속 변화한다는 의미이다. 예를 들어서 오전의 기분이 오후의 기분과 다르고, 같은 오후라 하더라도 직장과 집에서의 상태가 서로 다

---

* 주식이나 파생 상품 등 금융의 흐름을 예측하는데 가장 큰 기여를 한 모델로, 피셔 블랙(Fischer Sheffey Black, 1938~1995)과 마이런 숄스(Myron Samuel Scholes, 1941~)가 1973년 개발한 블랙 숄스 방정식이 있다. 이 식은 현재 금융 공학에서 금융 모델로 많이 사용되고 있다.

른 것은 우리의 삶이 파동처럼 계속 변화하기 때문이라고 말할 수 있다.

그렇다면 파동이란 무엇일까?
간단히 그리고 쉽게 파동을 정의한다면, 흔히 이렇게 말한다.
'무엇이든지 움직이는 것은 파동이다.'
그럼 움직인다는 것은 무엇을 의미할까? 그것은 변화한다는 것이다. 살아 있다는 것이다. 다시 말해서 정체해 있지 않고 움직이고 있다면, 큰 의미에서 그것은 파동이라고 말할 수 있다. 따라서 이렇게 파동을 정의할 수도 있을 것이다.
'변화하는 것은 모두 파동이다.'
'움직이는 것은 모두 파동이다.'

우리는 호수나 바다에서 파도가 밀려오는 것을 언제나 볼 수 있다. 이렇게 물 위에서 일정한 방향으로 진행하는 물결을 '수면파'라고 부르는데, 수면파는 파동의 일종이다. 우리가 상대방의 말을 청취할 수 있는 것은 상대방의 구강 안에서 발생한 '음파'라는 파동이 전파하다가 우리의 고막을 자극하기 때문이다. 그리고 스마트폰을 통해서 동영상을 시청할 수 있는 이유는 '전자파'(electromagnetic waves, 전자기파)라는 파동이 끊임없이 스마트폰을 드나들면서 영상과 음성의 정보를 우리에게 전달해 주기 때문이다.
'움직이는 것은 모두 파동이다'라는 관점에서 바라보면 수면파, 음파, 전자파 외에도 파동의 종류가 무한히 많다. 그리고 '변화하는 것은 모두 파동이다'라는 시각에서 보면 심지어 우리의

'인생'이나 '계절'도 다 파동에 속한다. 다음은 시, 「파동이 나오다」의 전문이다.

울음이 있었다
울음 안에도 울음 밖에도
호흡이 다른 울음으로 가득했다
그들은 봄바람으로 아침 햇살로 쉼 없이 달렸다
바다를 건넜고 빙하와 산맥도 넘었다
어느 날 온몸으로 울던 어설픈 울음 하나가
민들레 꽃씨처럼 호흡이 같은 가슴에 떨어졌다
씨앗은 그 속에서 수시로 파도치다가
열 달 동안 애비를 닮아갔다

크리스마스이브 로키 산마을
그날 새벽은 엄청난 폭설이었다
모든 호흡이 얼어붙는 혹한이었다
그 속에서 겨우 파닥거리는 불씨 한 점
두 개의 거울 사이에서 잉잉거리며
서서히 피어오르는 불꽃
긴 호흡이 점점 빨라지다가
파고가 최대가 되자 드디어
흰 눈 위로 빨갛게 왈칵 쏟아졌다
꽁꽁 언 새벽을 찢고

딸아이가 나왔다

　　　　　- 「파동이 나오다」 전문, 『n평원의 들소와 하이에나』

　위 시에서 묘사하고 있듯이 우리는 태어나는 순간부터 죽음이라는 지점으르 진행하는 파동이라고 말할 수 있다. 시간이 지남에 따라서 파동의 위치와 파고는 달라지지만, 파동의 형태는 크게 달라지지 않는다. 아주 단순한 파동의 경우,[1] 일반적으로 몇 가지 특징이 있다. 첫째, 파동의 크기가 시간에 따라서 그리고 위치에 따라서 주기적으로 오르락내리락한다. 둘째, 파동이 어느 방향으로 진행해 나아갈 때 파동의 크기는 물론이거니와 진행 속도가 주변 환경에 따라서 달라진다. 셋째, 방정식을 풀면 임의의 어떤 위치, 어느 시간에 파동의 모습이 어떻게 될 것인지 예측할 수 있다.[*]

　우리 인생이 예측 가능한 파동이 될 수 있다니!
　물론 이것은 우리 삶을 파동 방정식으로 단순히 나타낼 수 있는 경우, 수학적으로 그렇다는 것이다. 실제로는 영적·육적 시스템 덩어리인 우리 몸을 완벽하게 방정식으로 나타낸다는 것은 쉬운 일이 아닐 것이다. 그러나 그러한 방정식을 찾아내서 정확하게 방정식을 풀 수 있다면 우리의 미래 모습도 어느 정도는 예측이 가능하다고 말할 수 있을 것이다.

---

[*] 이 방정식을 파동 방정식이라고 부른다.

3장 수는 영원히 빛나는 보석이다

'수는 안개 속에서 진리로 이끄는 불빛이다.'

인류의 문명은 수학과 함께 발전해 왔다. 수는 수학의 꽃을 피우고 문명을 융성하게 하는 기초석이었다. 수가 없었다면 오늘날의 문명도 없었을 것이다.

우리의 먼 조상들은 처음에 수렵이나 채집 생활하면서는 그다지 수의 필요성을 크게 느끼지 못했을 것이다. 그래서 처음에는 그들만이 알 수 있는 수의 표시로 간단히 동물의 뼈나 점토 위에 선을 그었다. 그러다가 그들은 차츰 농경 생활을 하게 되고, 그로 인해서 가축과 곡물의 양이 늘어나 일부는 저장하고 일부는 물물 교환하게 되었다. 이 무렵 인류 문명이 세계 곳곳에서 싹이 텄고 여러 가지 수들도 발명되었다.

바빌로니아의 수 체계는 '60진법'이다. 고대 이집트인들은 '호루스의 눈' 또는 '우제트' 상형문자를 사용해서 수를 표기하기도 했다.[1] 중국인도 이집트인이나 로마인들처럼 10을 기본 단위로

하는 기수법을 사용했으며 마야족이나 아즈텍족은 손발가락 수에 해당하는 20을 기본으로 하는 기수법을 사용했다.[2]

3.1 수들의 탄생

0의 탄생

인도는 고대 문명의 발상지 중 하나이다. 기원전 7~8세기경 인도의 브라미(Brahmi) 문자에 이미 1에서 9까지의 숫자가 있었으며, 그 후 0이 위치 기수법의 숫자로 새로 추가되었다. 인도의 기수법에서 빈자리 대신 처음에는 한 칸을 띄어 놓았으나, 나중에는 작은 점으로 대치했다. 그러다가 AD 530년경 지금 우리가 사용하는 것과 같은 '0'이 도입되었다.

이렇게 '0'이라는 수의 발명은 오늘날 우리가 사용하는 아라비아 숫자의 기원이 되었다. 이것은 이전의 다른 문명의 수 체계와는 달리, 어떠한 큰 수라도 1, 2, 3, 4, 5, 6, 7, 8, 9와 0으로 쉽게 나타낼 수 있다는 점에서 역사적인 사건이라고 말할 수 있다. 이 숫자 체계가 인도에서 처음 발명되었으나 아랍인들을 통해서 유럽에 전해졌고, 전 세계로 퍼지게 되었다. 당시에 아라비아에서 유럽 사람들에게 전달되었기 때문에 유럽인들은 그 수를 '아라비아 숫자'라고 불렀다는 것은 이미 널리 알려진 사실이다.

인도의 '아라비아 숫자'가 처음 유럽에서 사용된 것은 1200년 쯤으로 보고 있다. 그 이유는 이탈리아 수학자 피보나치(Leonardo Fibonacci, 1170~1250)가 1202년에 출간한 『산술서, Liber abaci』 1장에서 아라비아 숫자에 대해서 이렇게 시작하고 있기 때문이다.[3]

> 인도인의 슷자는 다음과 같다: 9 8 7 6 5 4 3 2 1.
> 이 숫자 9개와 아랍 사람들이 산들바람이라고 부르는 0이라는 기호를 가지고 어떠한 숫자든지 만들어 낼 수 있다.

위의 인용문에서 밝혔듯이 여러 문명에서 나온 수 체계 중에서 아라비아 숫자간이 오늘날 세계적으로 널리 사용될 수 있었던 것은 아라비아 숫자만으로 쉽게 어떤 숫자든지 나타낼 수 있기 때문이라고 말할 수 있다.

그렇다면 아라비아의 숫자 1부터 9까지의 수의 의미는 무엇일까? 우선 같은 수라고 하더라도 민족과 문화에 따라서 의미가 다르다. 다시 말해서 누구에게는 복을 가져다주는 수가 다른 문화에서는 불행을 상징하는 수가 될 수 있다. 공동체마다 숫자의 의미가 다를 수 있고, 거인에 따라서도 다를 수 있다. 여기서 잠깐 일반인들이 공통적으로 생각하고 있는 수들의 의미를 한번 들여다보자.

수들의 의미

│1│ 야망이 있는 남자들이 선호하는 수이다. 그들은 모든 분야에서 언제나 일인자이길 원한다. 무엇이든지 맨 처음 발명하고, 영향력 있는 논문을 제일 먼저 발표하고, 모든 경쟁에서 항상 일등을 하고, 가장 크게 유명해지기를 열망한다. 이때 등장하는 수가 1이다. 따라서 1은 엄청난 능력을 지닌 힘 있는 남성이나 초인을 의미한다. 유일신을 믿는 유대교, 기독교, 이슬람교 문화에서 1은 신과 관련이 있고, 수 1은 절대적 존재를 의미한다. 또한 1은 모든 수에서 시작점이고 1초, 1미터, 1그램처럼 모든 단위에서 기준이 된다.

수 1은 절대적인 지위에 있는 존재를 상징하기 때문에 최고의 지위를 놓고 누구와도 타협하지 않는다. 절대적인 능력을 지니고 있어서 다른 이들의 도움이 필요치 않은 외롭고 고독한 수, 혹은 사랑받지 못한 수(The Unloved One)라고도 할 수 있다.[4] 수 1은 소수와도 밀접한 관계가 있다. 왜냐면 약수가 1과 자신뿐인 수를 소수라고 정의하기 때문이다. 1940년 하디는 『어느 수학자의 변명 A Mathematician's Apology』이라는 책에서 소수를 신적인 존재로 묘사했다. 그리고 아라비아, 중국, 바빌로니아 문명 등에서 수 1은 동일성(One-ness)을 뜻하기도 한다.

│2│ 1만 가지고는 재미없고 부족해서 생긴 수이다. 에덴동산에 아담만 있었다면 얼마나 심심했겠는가. 이브가 있으므로 인해서 서로 의지할 수 있고 어려움도 이겨낼 수 있지 않은가. 아

담 또는 남성은 1을, 이브 또는 여성은 2를 상징한다. 서로 상보적인 존재들인 남성과 여성 한 쌍이 가정을 이루는 경우 기적이 일어난다. 하나와 둘이 융합하여 새 생명이 태어나고 웃음꽃이 피어난다. 남성 혹은 여성만 있다면 불가능한 일이다.

세상에는 2에 해당하는 것들이 무궁무진하다. 발도 왼발과 오른발이 있고 팔도 왼팔과 오른팔이 있다. 2번쩨 지체가 첫 번째 지체를 도와 가면서 잘 걸어가라는 뜻이다. 눈도 둘이고, 귀도 둘이고 우리 인체에서 이들은 모두 대칭을 이루고 있다.

그뿐만 아니라, 수 2는 서로 반대되는 두 거념, 즉 이분법적 표현을 상징한다. '사느냐 죽느냐', '선이냐 악이냐', '찬성이냐 반대냐', '전쟁이냐 평화냐'는 대표적인 이분법적 표현이다.

| 3 | 균형과 안정을 의미하는 수이다. 하나나 둘만 있으면 불안하다. 다리가 불편할 때 지팡이를 짚고 걸으면 넘어지지 않고 편안하다. 지팡이까지 3개의 다리가 몸을 지탱해 주기 때문이다. 조선 시대에 삼정승(영의정, 우의정, 좌의정)을 두는 것이나 민주 국가에 3개의 기관(입법, 사법, 행정)을 두는 것은 서로 상호 협력하면서 나라의 안정과 균형 발전을 이루라는 뜻이다. 「삼국지」의 영웅들인 유비, 관우, 장비도 3형제 동맹을 맺어 중국 역사에 커다란 업적을 남겼다. 종교에서도 3이 등장한다. 기독교와 가톨릭에는 신의 3위 일체(성부, 성자, 성령)의 교리가 있다.

무엇을 간절히 소망하거나 경축할 때는 두 손을 들어 구호를 세 번 반복해서 외친다. 만세 삼창이 그 한 예이다. 수많은 이야

기책에서 기회가 세 번 주어지고, 세 가지 소원을 빌라고 한다. 전래 동화「금도끼 은도끼」에 나오는 정직한 나무꾼은 연못에 빠뜨린 쇠도끼를 포함해서 금도끼, 은도끼까지 모두 3개의 도끼를 산신령으로부터 선물로 받는다. 우리가 사는 공간은 3차원 공간이다. 따라서 GPS(Global Positioning System)의 위치 정보를 수신 받기 위해서는 최소한 3개의 위성으로부터 신호를 받아야 한다. 이때 위성과의 거리를 실시간으로 측정함으로써 현재 위치를 파악할 수 있는 삼각 측량법이 동원된다.

빨강(Red), 초록(Green), 파랑(Blue)은 빛의 삼원색이다. 디스플레이 화면에서는 이들 색을 적절히 혼합하여 원하는 모든 색을 구현한다. 물리학자들은 미립자 쿼크(quark)를 '빨강' '파랑' '초록'으로 표기하기도 한다. 수 3은 부정적인 의미로도 쓰인다. 즉 흑도 아니고 백도 아닌 제3의 회색 지대를 가리키기도 한다. 좌도 아니고 우도 아니고 어중간하게 있으면 배신자로 찍히기 십상이다. 3명의 친구가 있으면 그 사이에 반드시 질투심이 존재한다. 셋 사이의 우정이 항상 동일하지 않고 한쪽으로 기울 수밖에 없다. 의심이 질투로 발전하고 급기야는 서로 적이 될 수 있다.

|4| 방향과 관계되는 수이다. 보통 방향을 크게 동, 서, 남, 북, 네 방향으로 나눈다. 사방(四方)이라는 말이 여기서 유래되었다고 볼 수 있다. 2개의 다리와 2개의 팔을 모두 합하면 사지(四肢)가 된다. 수 4는 사각형을 상징하는 수이다. 건축물 속에는 숱한 사각형이 있다. 방의 구조도 사각형이고, 책상도, 서적들이나 심지어 디스플레이 화면도 사각형이다. 그리고

$2 \times 2 = 2 + 2 = 2^2 = 4$이다. DNA는 4종류의 염기인 아데닌(A), 구아닌(G), 티민(T), 시토신(C)으로 되어 있다. 이렇게 수 4는 우리에게 익숙하고 가장 친밀한 숫자이다.

그러나 중국, 일본과 마찬가지로 한국에서는 불운의 수로 여겨지고 있다. 그 이유는 '사(四)'의 발음이 죽음을 뜻하는 '사(死)'와 비슷하기 때문이다. 그런 이유로 아직 일부 투숙객들은 호텔 4층 객실을 꺼리기도 한다. 그러나 서양에서 네잎클로버는 행운의 상징이다.

|5| 누구나 5개의 손가락과 발가락이 있다. 이것은 초기 수의 체계 중에 5진법이 있었음을 추정하게 한다. 실제로 5진법이 널리 사용되었는데, 독일의 음력은 5진법 체계였고 남아메리카의 일부 부족은 지금까지도 손을 사용해서 수를 센다고 한다.[5] 손가락을 이용하면 처음 5까지 쉽게 셀 수 있다. 그리고 5는 오감(시각, 청각, 미각, 후각, 촉각)을 연상시킨다. 사람은 5가지의 맛(신맛, 쓴맛, 단맛, 짠맛, 매운맛)을 느낄 수 있으며, 한의학에서 얘기하는 오장은 간장, 신장, 심장, 비장, 폐를 가리킨다. 중국에서는 5원소들(불, 물, 나무, 쇠, 흙) 간의 상호 관계를 펜타그램(pentagram, 별표)을 사용해서 설명하고 있다.

정오각형은 길이가 같은 변이 5개가 있다. 오각형 내부의 모든 대각선을 연결하면 별 모양이 나온다. 그리고 별의 중앙에 작은 오각형을 볼 수 있다. 오각형의 한 변의 길이를 1이라고 하면 오각형 내부의 대각선의 길이는 9장에 나오는 황금비(golden rat.o, 1.61803...)와 같다. 5가 황금비와 연결되어 있다니 신비롭지 않은

가? 그뿐만 아니라 5는 피보나치 수이며, 자연 속에 있는 70퍼센트 이상의 식물의 꽃잎 수가 다섯 장이다.

|6| 완전수이다. 일찍이 사람들은 $6 = 1+2+3$이고 $6 = 1 \times 2 \times 3$이므로 수 6을 완전한 수라고 여겼다. 「창세기」에서 신은 세상을 6일 동안 창조하고 7일째 되는 날 안식했다. 아우구스티누스(Augustinus)는 그의 저서 『하나님의 도성』에서 신이 6일 동안에 세상을 창조한 것은 6의 완전성과 관련 있다고 말한다.

원자번호가 6인 탄소는 우리 몸에 산소 다음으로 많은 원소이다. 탄소의 동소체로 흑연과 다이아몬드가 있는데, 흑연은 밑면이 정육각형을, 다이아몬드는 단위 셀(unit cell)이 정육면체의 모양을 하고 있다. 자연에서 발견되는 정육각형의 모양은 벌집에서도 발견된다. 라틴어에서 6(six)는 섹스(sex)를 의미하기도 한다. 탄소 원자는 최외각 껍질에 전자가 반쯤 비어 있어서 다른 탄소 원자와 쉽게 결합할 수 있다. 서로 쉽게 결합할 수 있다는 것은 탄소가 '사랑의 원소'라는 뜻이고, 6이 '사랑의 수'라는 의미를 내포하고 있다고 말할 수 있다.

마지막으로 수 6이 중요한 수인 것은 우리가 지금 60진법 체계 속에서 살고 있다는 것이다. 60진법 체계에서는 1을 60으로 나누어 한 단위로 사용한다. 따라서 1시간이 60분, 1분은 60초이고 1년은 ~360(+5)일이다. 그리고 각도를 측정할 때도 60진법 체계를 따르는데, 원의 내각을 360도, 1도를 60분 1분을 60초로 정의한다.[6] 나이가 60이 되면 환갑이라고 잔치를 벌이기도 한다.

| 7 | 한국을 비롯하여 많은 나라에서 '행운의 수'라고 생각한다. 한 주는 7일이다. 그 기원은 「창세기」이다. 요일의 명칭은 눈으로 볼 수 있는 7개의 천체로부터 왔다. 월요일은 달, 화요일은 화성, 수요일은 수성, 목요일은 목성, 금요일은 금성, 토요일은 토성, 그리고 일요일은 태양을 의미한다. 아름다은 빛을 가리켜서 7색 무지갯빛이라고 말한다. 백색광을 프리즘에 입사시켜 스크린에 비춰보면 무지개처럼 빨강 주황 노랑 초록 파랑 남색 보라 순으로 7가지 색들이 분산되어 나타나는 것을 관찰할 수 있다.

수 7은 1과 자기 자신으로만 나눌 수 있는 소수(prime number)이다. 소수는 무한히 존재하며, 그것들로부터 건축물의 벽돌이나 결정의 '단위 셀'처럼 모든 다른 자연수를 합성해 낼 수 있다.* 예를 들어서, 자연수 140을 소수 2, 5, 7의 곱으로 나타낼 수 있다. $140 = 2 \times 2 \times 5 \times 7$. 이렇듯 7은 소수라는 점에서 독특하고 수많은 비밀을 품고 있다. 따라서 앞으로 우리가 그 비밀을 밝혀내야 할 중요한 수임에 틀림이 없다. 그러나 자연계에 7각형이나 7면체 구조를 한 결정이 존재하지 않으며, 꽃잎 수가 7장인 꽃들도 아주 드물다. 그런데도 우리는 이야기책에서 7이 많이 언급되는 것을 안다. 동화책 『백설공주』에서 일곱 난쟁이가 등장하고 『일곱 마리 염소』에서도 일곱 염소가 등장한다.

수 7은 신성한 수이다. 성경에 7이 많이 나온다. 마태복음에서 '형제를 일곱 번을 일흔 번까지라도 용서하라'는 말이 나온다. 그리고 레위기에는 "너희 죄로 말미암아 너희를 칠 배나 더 치리

---

* 그리스 수학자 유클리드(Euclid)는 기원전 300년경에 그의 저서 『원론, Elements』에서 소수의 개수가 무한하다는 것을 최초로 증명했다. 소수는 암호학에서 키 생성이나 암호화 알고리즘을 개발하는 데 사용된다.

라"라는 말이 나온다.

|8| 복을 불러들이는 수이다. 어느 가문에 해마다 재물이 2배씩 3년 동안 쌓이면 여덟 배로 불어난다. $2 \times 2 \times 2 = 2^3 = 8$. 성경에도 8가지 복에 관한 이야기가 있다. 중국어에서 '8'의 발음과 '발(發)'의 발음은 비슷하다. '발'의 의미는 번성, 성공, 부를 상징한다. 따라서 특히 중국에서 8은 복을 상징하는 수이다. 중국 문화에서는 결혼식을 8일에 하거나, 호텔 객실 88층을 선호하기도 한다.

컴퓨터 데이터의 최소 단위는 비트(bit, binary digit)이며, 1비트는 0이나 1로 나타낸다. 8개의 비트를 하나의 바이트로 묶으면 $2^8 = 256$진법 체계가 되어 0부터 255까지의 값을 나타낼 수 있다.[7] 컴퓨터에서 8바이트로 구성된 한 개의 64비트 레지스터를 사용하는 경우 2^{64}개의 수를 저장할 수 있다. 그리고 64비트 프로세서에서는 한 번에 8바이트씩 데이터를 처리한다. 분명히 컴퓨터에서 8은 아주 중요한 수이다.

방향을 나타낼 때나 대칭을 논할 때도 숫자 8이 중요하다. 사방팔방(四方八方)이라는 말이 있다. 중국 고전 철학 서적에 팔괘라는 말이 자주 등장하기도 한다. 기하학에서 8은 빼어난 수이다. 정8각형이나 정팔면체의 모양은 고매하다. 그래서 한국, 중국, 일본에서 팔각형 모양의 지붕을 한 팔각정과 같은 건축물을 쉽게 찾아볼 수 있다. 정팔각형의 대칭축은 모두 8개이다. 이런 점에서 8은 균형을 의미하는 수이다. 8은 피보나치의 수의 하나로 자연에서 쉽게 많이 발견할 수 있다. 육방형(hexagonal structure)-8면체 구조를 가진 금속 결정으로는 코발트와 아연이 있고, 거미나 문어의 다리 수는 8개이다.

| 9 | 최고를 뜻하는 수이다. 아라비아 숫자 중에서 가장 큰 수라는 점에서 9는 최상을 의미한다. 키가 9척이라는 말은 그만큼 키가 크다는 말이다. 임금이 사는 궁궐을 구중(九重) 궁궐이라고 하는 이유는 그만큼 많은 문을 지나야 임금을 만날 수 있다는 뜻이다. 등산할 때 오부나 칠부 능선까지 오르기는 그래도 쉽다. 그러나 높은 산일수록 구부 능선까지 오르기는 훨씬 더 어렵다. 정상도 잘 보이지 않고 정상 근처에서는 에너지가 많이 소진되어 있기 때문이다. 과학이나 예술 분야에서 최고의 걸작을 남기는 것도 마찬가지이다. 천재라 하더라도 혼신의 노력을 다했을 때 비로소 최상의 결과를 얻는 이치는 모든 분야에서 동일하게 적용되는 원리이다. 앤드류 하지스(Andrew Hodges)의 글을 인용해 보자.

> 9는 완성과 마지막을 뜻하는 수인 것이다. 베토벤(1770~1827)은 교향곡 제10장의 작곡을 막 시작했을 때 죽음을 맞이했다. 안톤 브루크너(Anton Br_ckner, 1824~1896)는 제9장을 완성하지 못한 채 세상을 떠났다.

물론 위의 인용문은 다소 오해의 여지도 있으나 그만큼 9가 의미하는 바는 죽기 직전까지 모든 힘을 다 바쳐야 얻을 수 있다는 것을 의미한다는 점에서 시사하는 바가 크다.

자연에서 9가 나타나는 예는 수 7의 경우처럼 매우 드물다. 그러나 수학적으로 $9 = 3^2$이고 자연수(1~8)를 9로 나누면 $1/9 = 0.11111...$이나 $2/9 = 0.222222...$처럼 순환소수가 된다는 점에서 9는 독특한 수임이 틀림없다. 기독교에서는 9를 '성령의 수'로 여긴다. 왜냐면 「갈라디아서」에서 9가지 성령의 열매에 대해서 언급하고 있다. 9가지 성령의 열매는 사랑, 희락, 화평, 오래 참음, 자비, 양선, 충성, 온유, 절제이다.

지금까지 수들의 의미에 대해서 지면 관계상 간단히 설명했다. 그러나 여기에 언급된 것들 외에도 수들의 오묘한 진리와 비밀은 수없이 많다. 앞으로 관심 있는 독자들은 관련 문헌 등을 참고하기를 바란다.
시 「아라비아 숫자 공화국」의 전문을 감상해 보자.

조연이었다. 어쩌다 부르면 위험한 길도 마다하고 스턴트로 따라다녔다. 그들은 문장 속에서 늘 기다림과 벗하며 편견의 悲哀感으로 허기를 채웠다. 모두 주저거릴 때 장막 뒤에서 무대에 떼밀려 들어섰다가 내지르는 외마디에 가끔 박수갈채를 받기도 했다. 그러나 그 후로 혁명의 바람은 서서히 대학 강의실에서부터 불어왔다.

비늘로 덮인 새끼 아나콘다의 검은 혀는 붉고 길게 자라고 있었다. 심해의 백상어 이빨도 희어졌다. 고통, 환희, 절망, 슬픈, 웃다, 울분, 소통으로 세상은 부족할 데 없는데 권총을 찬 정보

요원들은 안보를 들먹이면서 지면을 검열했다. 나한테도 스토커 질하고 있었다. 내가 가는 곳마다 소매를 잡아끌고 손에 펜을 쥐여 주었다. 상상의 길목을 막아서거나 날개옷을 숨기기도 했다. 콘도르의 부리가 날카롭게 번득였다. 이제는 공중의 지면도 휴대폰도 그들한테 인허가를 받아야 한다. 인터넷뱅킹을 할때는 그들의 코드 번호를 쳐넣어야 한다. 회사 얼굴을 알릴 때에도 그들 혁명군수뇌 10인이 나섰는데, 테러나 전쟁에 대한 소문이 들리면 그들 사이에 큰 소동이 일어나곤 했다.

혁명군 수뇌 중에서 하나는 용맹하기가 으뜸이고, 둘은 포용할 줄 알았으며, 셋은 문무를 겸비한 박사 출신 장군이었다. 그 뒤로 넷, 다섯, 여섯, 일곱, 여덟, 아홉이 있는데, 군중에게 인기는 일곱과 아홉이 가장 높았다. 세계 인구 70억 돌파나 700조 원의 무바라크 검은 돈과 같은 숫자 이야기가 나오면 블랙홀처럼 온 지면을 빨아들였다. 달변보다 통계에 중독된 이들이 늘면서 혁명군 수뇌 10인은 교수, 경제인, 정치인들의 祕器가 되었다. 나도 이제는 내가 아니다 그들 중 하나가 되기 위해 혁명에 동참한 지 오래다.

아라비아 숫자들은 이제 글자의 오그라든 등을 밟고 예술무대 위에서도 활보한다. 때로는 머리끝에 독을 묻히고 화살로 날아가 목표물에 정확히 꽂히기도 한다. 그들이 가는 곳마다 정치, 경제 프로들이 늘 리무진을 대기해 놓고 좌우로 도열해 있다.

- 「아라비아 숫자 공화국」 전문, 『n평원의 들소와 하이에나』

3.2 수들의 진화

유리수

기원전 1650년쯤에 만들어진 린드 파피루스(Rhind Papyrus)에 산술, 기하학과 측량 문제 84개를 모아 놓은 책이 있다. 이 책에 있는 제24번 문제는 다음과 같은 수수께끼이다.[8]

어떤 수를 그 수의 7분의 1에 더하면 19가 된다.
이 수는 무엇일까?

위의 문제는 분수에 대한 문제이다. 두 정수의 비율 즉 분수를 유리수라고 부르기 때문에 위의 수수께끼는 유리수 문제이다.*

그리고 위 문헌에 의하면 이집트인들은 분수를 나타낼 때 상형문자를 사용하기도 했다고 한다. 이렇게 유리수 문제들이 고대 이집트인들 사이에서 나름대로 체계적으로 다루어졌고 기록으로 남겨졌다는 점은, 그 당시에 유리수가 발명되었을 뿐만 아니라 이미 실생활에서 매우 중요하게 이용되고 있었다는 것을 말하는 것이다.

---

* 유리수는 a/b, $(b \neq 0)$의 형태로 표시된다. 여기서, a, b는 정수이다.

신성한 수와 피타고라스

이렇게 분수까지 세상에 나오자, 수(정수와 분수)로 세상의 모든 것을 설명할 수 있다고 믿고, 제자들에게 '만물이 모두 수'라고 설파한 수학자가 있었다. 그가 바로 피타고라스 정리로 유명한 그리스 철학자 피타고라스(Pythagoras, 570~495 BC)이다.[9] 그는 피타고라스 학파의 설립자이기도

피타고라스(Pythagoras)

하다. 피타고라스는 수에 신비주의 사상을 도입하여 그의 제자들에게 그가 개괄한 철학을 공부하고 종교적 의식을 수행하게 했다.

피타고라스 학파의 회원들에게 수는 신이었다. 그들은 노여움을 사지 않도록 정성껏 50까지의 수에 신성한 의미를 부여해서 신처럼 숭배했다.[10]

아래의 기도문을 보면 그것을 짐작할 수 있다.[11]

> 우리에게 은총을 주소서, 신령한 숫자여! 당신은 신들을 만들어내고 사람을 만들어냈습니다. 성스럽고 성스러운 테트락티스여! 당신은 모든 창조물이 끊임없이 흘러나오는 뿌리와 원천을 품고 있습니다. 신령한 수는 순수한 1에서 시작해 신성한 4까지 이릅니다. 그리고 신령한 네 개의 수는 만물의 어머니를 잉태하니, 그 어머니는 모든 것을 끌어안고 모든 것을 감싸는 존재이며 최초로 탄생한 피조물이자 결코 바른길에서

벗어나지 않는 존재, 만물의 비밀을 쥐고 있는 10입니다.

피타고라스 학파 회원들의 기도문에 나오는 테트락티스는 1에서 4까지의 수를 의미한다. 그들에게 1은 만물의 최초 근원이며, 2는 여성적 원리, 3은 남성적 원리를 상징하고, 4는 세상 만물의 네 요소인 4원소 물, 불, 공기, 흙을 상징한다.[12] 그리고 이것을 모두 더하면 '10=1+2+3+4'이 된다. 그들은 '10' 속에 우주 만물의 근원인 신과 남성적/여성적 원리와 우주의 4원소까지 모두 우주 전체가 담겨 있다고 보고, '신성한 수'로 여기고 있었다.

삼각수와 사각수

공간에 있는 점, 선, 면, 도형의 모양, 크기와 같은 것을 다루는 수학을 기하학(Geometry)이라고 한다. 그 이름의 기원이 땅(geo)과 측량(metria)의 합성어인 라틴어 'geometria'라는 점에서, 이집트인들이 토지를 측량하다가 얻은 지식을 그리스에 전해줬으리라는 것을 쉽게 짐작할 수 있다.* 삼각형 도형은 초기 기하학에서 가장 먼저 등장한 도형이다.

'만물이 모두 수'라고 생각한 피타고라스학파 사람들은 10이 '신성한 수'일 뿐만 아니라 삼각수라는 것을 알게 되었다. 그림 1은 10을 포함하여 다양한 삼각수 1, 3, 6, 15를 보여주고 있다.

---

* 나일강의 잦은 범람으로 토지 경계가 지워지면 정부로부터 파견된 측량사는 유실된 면적을 측량하여 정확히 계산해 냈다.

삼각수 10의 경우, 맨 위층에 점이 하나 있고, 그 아래층에 점이 둘, 셋, 넷, 차례로 있음을 알 수 있는데, 이것은 초기 그리스 시대에 수를 점으로 표시했기 때문이다. 4개의 수의 배열된 모습이 삼각형을 이루고 있음을 알 수 있다.

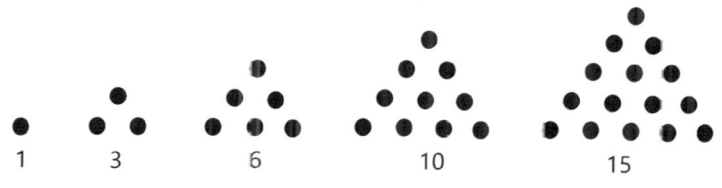

그림 1. 삼각수

피타고라스학파 사람들은 삼각수 외에도 사각수와 오각수에도 관심을 갖고 있었는데, 사각수에는 1, 4, 9, 16이 있고, 오각수에는 1, 5, 12, 22 등이 있다. 그림 2에 사각수들이 도식되어 있다. 여기서 삼각수와 사각수가 중요한 것은 이것들로부터 정수론이 시작되었다는 점이다. 당시에 피타고라스학파 사람들은 연속하는 두 개의 삼각수의 합이 사각수와 같다는 사실도 알고 있었다.[13]

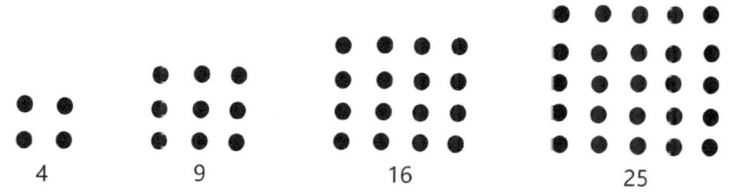

그림 2. 사각수

수로 모든 것을 설명하려고 했던 피타고라스의 신비주의 철학을 현대인의 입장에서 바라보면 일종의 사이비 종교처럼 보일 수도 있으나, 그것에서 신비주의를 걸러내면 수학적으로 세상 만물을 바라보고자 했던 그의 믿음과 세계관이 그의 철학 속에 담겨 있음을 알 수 있다. 이러한 사상과 철학은 플라톤과 아리스토텔레스를 포함하는 수많은 철학자, 수학자와 과학자들에게 큰 영향을 미쳤을 뿐만 아니라, 현대 과학 기술의 발전에도 크게 이바지했다.

  이러한 인류 역사에 기여한 몇 가지 사실들만 보더라도 피타고라스와 그의 제자들은 찬사를 받아야 마땅하다. 그러나 그들을 종교적인 집단의 교주와 교도들이라고 긍정적인 부분은 외면하고, 오히려 부정적인 면을 너무 크게 부각시키지는 않았는지 되돌아볼 필요도 있다.

무리수의 혁명

  '모든 것이 수' (또는 '만물이 모두 수')라고 피타고라스학파 사람들은 믿었다. 그 당시 그들의 머릿속에 수는 오직 '정수'와 '유리수' 뿐이었다. 그 외의 수에 대한 개념이나 오늘날의 수학이 그 당시에는 없었기 때문에, 그들의 철학과 확신은 오래가지 않아 흔들릴 수밖에 없었다. 만약 수에 대한 그들의 지식(또는 개념)이 지금처럼 좀 더 포괄적이고 융통성이 있었다면 피타고라스학파의 철학은 견고하여 지금까지도 영향력을 크게 미치고 있었을 것이다.

그러나 안타깝게도 그들 중 한 수학자가 발견한 신종의 수인 두 리수를 그들은 수로 인정하지 않았고,* 그 이후로 그들의 철학도 점차 무너지기 시작했다.

우리가 도형의 길이를 잴 때 유리수(분수)를 이용하면 편리하다. 측정하고자 하는 선분의 길이를 나눌 때 나누는 횟수를 충분히 늘리다 보면 가장 근접한 유리수가 나오게 되는데, 이때 전체 선분의 길이는 유리수의 정수배가 된다. 만일 이런 방법으로 모든 길이를 나타낼 수 있다면 기하학은 아주 단순해질 수 있다.

그러나 그것은 허황된 꿈으로 곧 드러났다. 앞에서 잠깐 언급했듯이 피타고라스의 제자인 히파소스(Hippasos, 기원전 5세기 경)가 정수와 유리수와는 다른 무리수가 존재한다는 사실을 처음으로 밝혀냈기 때문이다. 피타고라스 정리를 이용하면 한 변의 길이가 1인 정사각형의 대각선의 길이는 $\sqrt{2}$이다.

천재 수학자인 히파소스가 바로 정수나 유리수로 나타낼 수 없는 무리수인 $\sqrt{2}$를 처음 발견한 사람이다. 그는 대각선의 길이가 정수나 유리수로 나타낼 수 없음을 알고 그 사실을 스승인 피타고라스에게 맨 처음 알렸을

히파소스(Hippasos)

---

* 무리수는 유리수처럼 분수로 나타낼 수 없는 수를 말한다.

것이다. 대각선조차도 그들의 수(정수나 유리수)로 표현할 수 없다는 것은 피타고라스학파의 기본 사상(철학과 교리)에 위배되는 것이었다. 이에 피타고라스와 그의 다른 제자들은 크게 충격을 받았고, 교파 안에서 이것을 비밀로 했을 것이다. 그러나 비밀을 지키지 않고 이 사실을 외부에 누설한 히파소스는 결국 피타고라스 추종자들의 격분을 샀을지 모른다.

히파소스의 죽음에 대해서는 문헌마다 조금씩 다르나, 그가 무리수의 존재를 외부에 알림으로써 동료들에 의해서 바다에서 살해되었을 것이라는 이야기가 전해지고 있다. 오랫동안 베일에 가려져 있던 무리수를 발견한 대가로 그들은 이렇게 천재 수학자의 희생을 요구했다. 수의 역사, 아니 인류 역사에서 엄청난 변화는 이렇게 시작되었다.

3.3 우주로 향하는 초월수

π, 원주율

3월 14일은 '파이 데이'이다. 매년 이날에 '파이 데이' 기념행사를 하는 곳들이 전 세계에 점점 많아지고 있다. 도대체 '파이 데이'가 무슨 날이기에 그럴까? 원주율은 원의 둘레와 지름의 비율을 뜻한다. 원주율, 즉 π(파이)는 호나 곡선의 길이, 원이나 타원의 넓이, 그리고 다양한 도형의 부피와 관련된 문제를 풀 때 반드시 필요하다. 특히 파동과 같이 주기적으로 변하는 현상을 설명할 때 파이는 단골손님처럼 나온다. 한마디로 말해서, '파이'는 수학과 물리학을 비롯해서 거의 모든 공학 분야를 그동안 발전시키는 데 가장 큰 공헌을 한 중요한 상수라고 말할 수 있다. 이것이 파이의 근사치(3.14)를 상징하는 3월 14일에 기념행사를 하는 이유이다.

그렇다면 파이의 상숫값은 얼마쯤 될까? 고대 여러 문화권에서는 이미 원주율, π값이 3보다 약간 크다는 것을 알았다. 그러나 기원전 225년 수학자 아르키메데스는 이 값이 좀 더 정확하게 3.1408과 3.1429 사이라는 것을 알아냈을 뿐만 아니라, 구의 부피와 표면적이 각각 $4\pi r^3/3$과 $4\pi r^2$이라는 것도 증명해 냈다.[14]

그 뒤로 많은 사람들에 의해서 좀 더 정확한 파이 값이 계산되었다. 송나라의 수학자 조충지(429~500)는 소수점 이하 6자리까지 정확하게 원주율(≒ 3.141592)을 얻었으며, 네덜란드 수학자 루돌프 판 쾰런(Ludolph van Ceulen, 1540~1610)은 일생을 바쳐서 소수점 이하 35자리까지 계산해냈다.

아르키메데스(Archimedes)

---

* 원주율 기호 π는 1706년 영국의 수학자 윌리엄 존스가 최초로 사용했다. π는 둘레를 뜻하는 고대 그리스어의 첫 글자에서 유래했으며, 파이라고 발음한다.

그 후 수학자들은 고대 그리스 철학자 겸 수학자인 아르키메데스 (BC 287~212)처럼 도형을 이용하지 않고 π에 대한 수열, 적분, 연분수 등 다양한 식을 이용해서 원주율을 더 정확하게 구할 수 있었다.[15]

그러나 정확도를 획기적으로 향상시킬 수 있었던 것은 무엇보다도 컴퓨터의 발명이다. 컴퓨터가 파이값을 구하는 데 활용된 후부터는 컴퓨터의 계산 속도와 메모리 용량 등 컴퓨터의 성능에 따라서 정확도가 크게 달라졌기 때문에 파이값을 구하는 문제는 컴퓨터 성능과 알고리즘을 테스트하는 데 이용되었다. 2005년에 일본 가네다 야스마사 교수는 소수점 이하 1.24조 자리까지 구했고, 2016년 11월 스위스의 입자 물리학자인 페터 트뤼프는 105일 동안 계산하여, 원주율을 소수점 이하 22조 자리까지 계산할 수 있었다.[16]

원주율에 대한 표현 식을 말할 때 그냥 지나칠 수 없는 식이 있다. 인도의 천재 수학자 라마누잔(Srinivasa Ramanujan, 1887~1920)이 증명 없이 1914년에 발표한 식이다. 참고로, 이 식과 같은 공식들이 기록된 노트가 그가 죽은 뒤 반세기나 지나서 1976년 트리니티 대학 도서관에서 발견되었는데,* 이 노트에는 무려 600개 이상의 수학 공식과 정리들이 증명 없이 수록되어 있었다고 하니 그의 천재성에 놀라지 않을 수 없다.

라마누잔이 발표한 원주율에 대한 공식은 그의 사후 십여 년

---

* 라마누잔의 '잃어버린 노트'로 알려져 있다.

라마누잔
(Srinivasa Ramanujan)

뒤에 수학자에 의해서 증명되었다.[17] 어떻게 이러한 식들을 그 당시 발견했을까?

'하늘의 도움 없이도 정말로 가능했을까'하는 의심이 들 정도로 아래의 원주율에 대한 그의 식은 경이롭고 아름답다.

$$\pi = \frac{9801}{2\sqrt{2}\sum_{n=0}^{\infty}\frac{(4n)!}{(n!)^4}\frac{1103+26390n}{396^{4n}}}$$

별처럼 반짝이는 원주율에 대한 식을 더듬으면서, 신비의 세계로 오라고 손짓하는 아래의 시, 「라마누잔의 별 헤는 밤」을 감상하길 바란다.

    태초부터 별들은 하늘 위를 총총히 운행하였고
    천체를 더듬은 이들은 양치기부터 주술사까지 다양했으나
    우주를 움직이는 수많은 톱니바퀴와

별의 숫자들 앞에서 잠잠하다가

한 초인이 신성처럼 나타나
그것들을 갈무리하여 마법의 화폭 속에 넣었더라

그는 별과 지구의 원주율의 신비로움에 매료되어
설원 평야에 영부터 무한대까지 하나하나의 숫자를 펼치고
그것들을 순서대로 곱하고 나누고 더하느라고
별 헤는 밤은 흥분되고 잠을 이룰 수가 없었더라

지구와 별 사이가 숫자들로 채워지면서 윤곽이 하나 둘 드러나니
그의 마술에 놀라 모두들 입을 다물지 못하더라

바짝 웅크린 채 노려보는 영물의 그림 속에는
후배 탐험가들을 위해 비밀을 여백에 조금 숨겨놓았으니
그보다 완벽할 수는 없더라

이 밤도 잠 못 이루며 나 홀로 별을 헤는 것은
어느 수학자처럼 별이 빛나는 밤을 그리려 함이라

- 「라마누잔의 별 헤는 밤」 전문, 『라마누잔의 별 헤는 밤』

원주율이 무리수라는 것은 이미 오래전에 증명되었다. 따라서 원주율의 소수점 이하 수들을 나열하면 우주를 가득 채우고도 남는다. 그리고 수학자들은 이들의 수들에 어떤 패턴이 있는지 확인해 보았는데, 다른 정상적인 '정규수(normal number)'들처럼 이 수들도 일정한 분포를 따른다고 한다.[18] 프랑스 수학자 에르베 레닝에 의하면, 0부터 9까지의 모든 수가 소수점 1천 자리까지 동일한 비율로 나올 뿐만 아니라, 1만, 10만, 100만 자리까지 들여다봐도 모두 같다고 한다. 이러한 규칙성은 2개, 3개 또는 그 이상으로 이루어진 수에서도 마찬가지이다. 따라서 우주를 가득 채우는 수열 중에는 우리의 주민등록번호와 각종 기념일을 포함한 거의 모든 수와 디지털 암호들, 그리고 신의 메시지들이 들어 있을 것이다. 어떤 큰 수도 이 수열에서 찾아낼 수 있을지 모른다. 원주율은 이렇게 모든 수를 포함하는 '우주 수'이기도 하고 다음에 언급하고자 하는 '초월수(transcendental number)'이기도 하다. 초월수에는 원주율 π 외에도 e가 있다.

e라는 초월수[19]

기하학을 대표하는 초월수가 π라고 한다면, 오일러 수(Euler's number)라고도 불리는 e는 해석학을 대표하는 초월수이다. 그리고 상수 e는 무리수이며, 그 값(2.71828...)은 극한값이나 무한급수로도 정의된다. 처음 e라는 기호를 사용한 사람은 스위스 수학자 오일러(Leonhard Euler, 1707~1783)이다. 그리고 무리수 e는 자연로그

오일러
(Leonhard Euler)

의 밑으로 사용되기 때문에 '자연로그의 밑'으로도 불리며,[20] e와 관계되는 함수로는 지수함수($y = e^x$, natural exponential function)가 있다. 여기서 로그함수는 지수함수의 역함수($x = \log y$)이다.

자연 현상을 기술할 때, 지수함수의 도움이 절대적으로 필요하다. 지수함수가 발명되지 않았더라면 오늘날의 과학 발전도 없었을 정도로 지수함수는 매우 중요한 함수이다. 그림 3은 x가 증가 또는 감소함에 따라서 지수함수가 어떻게 변화하는지를 보여주는 그래프이다. x가 0일 때 지수함수 y가 1(∵ e^0=1)을 지나고, 이후 증가하면서 폭증하는 것을 알 수 있다. 또한 x가 반대 방향(음의 방향)으로 감소함에 따라서 점차 천천히 감소하는 것을 알 수 있다. 이것이 바로 지수함수의 특징이다.

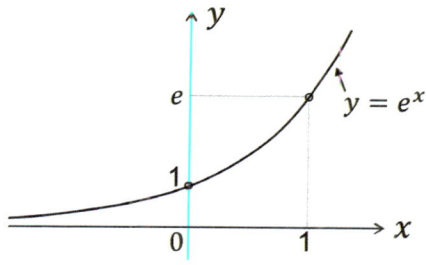

그림 3. 지수함수 (e=2.71828...)

3.4 미래를 꿈꾸는 보석들

허수, 고등 학문의 언어

과학 전공 서적을 읽거나, 자연과학 대학에서 공부하다 보면 자주 등장하는 낯선 언어가 있다. 이 언어에 대해서 언급하기 전에, 잠깐 독자들에게 이런 질문을 먼저 던져 보자.

'무엇을 제곱했을 때 −2가 될까?' 위 질문을 방정식으로 나타내 보자. 우선, 무엇을 미지수 x라고 하면 방정식은 이렇게 된다.

$$x^2 = -2.$$

이 식의 해를 찾기 위해서 이것저것을 좌변에 대입해 볼 수 있다. 하지만 어떤 정수, 유리수 혹은 무리수를 대입해도 우변과 동일한 -2가 되지 않는다. 물론 음수를 대입해도 마찬가지이다. 그러나 수를 허수(복소수, complex number, imaginary number)까지로 확대해 보자. 그러면 해가, $x = \sqrt{-2} = \sqrt{2}\,i$가 된다는 것을 금방 알 수 있다($i = \sqrt{-1}$는 허수를 나타내는 기호). 그 이유는 $\sqrt{-2}$를 방정식의 좌변에 대입하여 제곱하면 -2가 되고 그것은 방정식의 우변 -2와 같기 때문이다. 결론적으로 말해서 허수는 위 식의 해가 될 수 있으나, 그 외의 다른 수(실수)는 해가 될 수 없다.

최초로 허수를 사용한 사람은 이탈리아 수학자들이었다. 수학자 카르다노(Gerolamo Cardano, 1501~1576)는 『위대한 술법, Ars magna』에서 10을 두 부분으로 나눠 서로 곱해 40이 되게 할 수 있음을 보여주는 과정에서 두 개의 신비한 해를 얻을 수 있었다.[21] 두 해는 허수 $5 + \sqrt{-15}$와 $5 - \sqrt{-15}$이었다.

이들 허수(복소수)를 경험한 또 다른 이탈리아 수학자로는 봄벨리(Rafael Bombelli, 1526~1572)가 있다. 그는 허수에 대한 연산을 체계화시켰다. 그럼에도 불구하고 오랫동안 데카르트, 심지어 뉴턴으로부터도 복소수는 중요한 수로 인정받지 못하고 허구의 수, 쓸모없는 수, 이상한 수 등으로 취급받았다.

복소수가 새롭게 조명받기 시작하게 된 것은 주로 노르웨이 수학자 베셀(Casper Wessel, 1745~1818)과 독일 수학자 가우스(Johann Carl Friedrich Gauss, 1777~1855) 두 사람 덕분이다. 베셀은 복소수의 기하학적 표시 방법을 개발하였고, 가우스는 그러한 복소수의 표

가우스
(Johann Carl Friedrich Gauss)

시 방법이야말로 허수에 대한 새로운 인식이라고 말했다. 그는 $\sqrt{-1}$ 대신 기호 'i'를 사용했으며 허수라는 용어 대신 복소수라는 용어를 선호했다. 토비아스 단치히는 『Number, The Language of Science, 수의 황홀한 역사』에서 1831년 가우스의 말을 이렇게 인용했다.

 일반 산술은 절대적 정수의 개념에서 출발해 차츰 그 범위가 넓어졌다. 정수에 분수가 보태졌고, 유리수에 무리수가, 양수에 음수가, 다시 실수에 허수가 보태졌다. 그러나 수의 개념을 확장할 때마다 항상 처음에는 주저함과 머뭇거림이 있었다. 초기 대수학자들은 방정식의 음수 근을 거짓 근이라고 불렀다. 사실, 음수 근이 의미를 갖지 못하는 문제에서는 음수 근은 거짓 근이라고 부를 만하다. (중략) 하지만 여러 해 동안 필자는 다른 시각에서 허수를 바라보았다. 음수와 마찬가지로 허수에도 객관적 존재성을 부여할 수 있다.

이렇게 허수가 수로 데뷔하기까지는 여러 가지 우여곡절이 있었다. 그러나 지금은 허수가 여러 과학 분야에서 맹활약한다. 그들이 없으면 빛, 전기, 전자기파와 같은 파동이나 어떤 신호도 간단히 식으로 나타낼 수가 없다. 파동에서 파동의 크기 이상으로 중요한 것이 파동의 위상인데 실수만으로는 위상 정보를 간단히 나타낼 수가 없다. 그리고 허수가 없다면 고체 속 전자들의 움직임과 같은 양자역학 문제를 슈뢰딩거 방정식으로 들여다볼 수조차 없다. 또한 'n차 방정식(다항식)의 해는 허수 근을 포함하여 항상 n개의 해를 갖는다'라는 대수학의 기본 정리는 수를 항상 허수까지로 확대해서 생각해야 한다고 우리에게 말해 주고 있다.[22]

오늘날 우리가 현대인으로서 큰 불편 없이 살아가기 위해서는 허수라는 수학 언어에 익숙해야 한다. 지금까지 인류 문명의 발전에 기여해 온 허수가 아래의 오일러 공식에 나타나 아름다운 꽃을 피우고 있다. 그 꽃을 한번 들여다보자.

세상에서 가장 아름다운 꽃, $e^{i\pi} + 1 = 0$

허수를 신비한 수로 생각한 사람들은 위 오일러 공식을 경이롭고 신비로운 식으로 바라보았을 것이다. 그러나 위 식에는 수학에서 가장 중요한 다섯 가지 언어들, 0, 1, π, e, i가 모두 포함되어 있다. π는 기하학을 대표하는 기호이고, e는 해석학을 대표하는 기호이다. 그리고 i는 복소수 기호이다.

수학자들을 대상으로 여러 차례 실시한 여론 조사에서 위 식은

'세상에서 가장 아름다운 식'으로 뽑혔다. 이 식에 대해서 수학자 카스너(Kasner)와 뉴먼(Newman)은 이렇게 언급했다.[23] 식의 숨겨진 깊은 뜻은 잘 모르나 "이 방정식은 신비적이면서도 동시에 과학적이고 수학적이다."

오늘날 이 등식은 모든 대학교 수학책이나 공학책에서 빈번하게 등장한다. 그럴 때마다 우리는 당연한 것으로 받아들이고 있으나 이 아름다운 식 속에 어떤 깊은 뜻이 담겨 있는지 수학자나 철학자들처럼 한번 생각해 보면 좋겠다. 아래는 현대시 「오일러의 꽃」의 전문이다.

i, 너는 혀깨비 탈을 쓴 아이, 만나는 시인마다 길을 잃게 하는 아이, 태생이 방정식이고 사명은 數나라의 영토 확장, 너 없이는 파동조차 그릴 수 없다. 너로 인해 문명이 풍요로워졌고 지상에서 가장 아름다운 꽃이 필 수 있었다.

π, 너는 숨어서 사람을 희롱하는 꾀돌이, 너는 무수히 나누어진 파이 조각, 하나씩 가감할 때마다 더 근접하지만 끝내 점령할 수 없는 땅, 너는 삼각함수의 단골 메뉴, 수시로 컴퓨터의 성능을 테스트하며 미소 짓는다.

e, 너는 數나라의 기둥, 아무리 미분해도 불변이다. 너는 무엇 때문에 아래만을 고집하였느냐, 1과 연합하여 數나라를

통일하고 0이 되려 하였느냐, 수백 년을 들여다봐도 알 길 없는 너.

한 알의 씨앗에서 싹이 나오고, 스마트폰이 켜지고 자동차가 달리고, 모두 하나가 되어 불멸의 꽃이 되었다.

- 「오일러의 꽃」 전문, 『라마누잔의 별 헤는 밤』

사원수, 꿈의 수인가?

오일러는 복소수(허수)를 $a+bi$ (a, b는 임의의 실수)로 표기했다. 여기서 베셀의 복소수 표기법을 이용하면 임의의 어떤 복소수도 복소평면(complex plane) 위에 한 점으로 나타낼 수 있다.

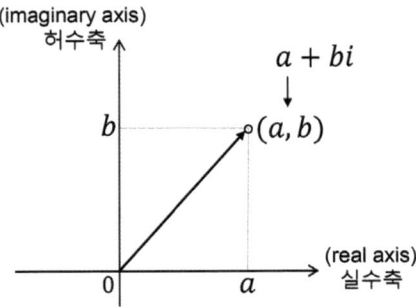

그림 4. 복소 평면 위의 복소수 $a+bi$.

그림 4는 수평축이 실수축(real axis)이그 수직축은 허수축(imaginary axis)인 복소평면을 나타낸다. 따라서 어떤 복소수도 이 평면 위에 점으로 표시할 수 있다. 그림 4의 한 점 (a, b)은 실수부의 크기가 a이고 허수부의 크기가 b인 복소수를 나타낸다.

이렇게 평면 위에 복소수를 나타낸 이후, 수학자들은 평면이 아닌 다른 높은 차원의 공간에 복소수를 나타낼 수 있는 방법을 고민하기 시작했다. 그들 중에서 새로운 차원의 수를 발견하는 데 성공한 사람은 아일랜드의 수학자 해밀턴(William Hamilton, 1805~1865)이었다.

해밀턴은 오랫동안 새로운 수와 씨름해 오다가, 1843년 어느 저물녘 부인과 함께 산책하던 중에 문제의 실마리가 번개같이 뇌리를 스쳐갔다며 그 당시 상황을 이렇게 술회했다.[24] "바로 이 순간 내 머릿속의 아이디어 회로에 강한 전기가 통했다. 거기에서 얻은 소중한 힌트가 바로 i, j, k 사이의 기본 방정식이었다."

그의 이 새로운 수는 4개의 성분을 갖고 있으며 $a + bi + cj + dk$ 또는 (a, b, c, d)로 표기하고(a, b, c, d는 실수), 사람들은 그 수를 사원수(quaternion) 혹은 4차원 수라고 불렀다. 그가 발명한 사원수의 수 체계는 3차원이 아니라 4차원의 대수학이었고, 기존의 수 체계와는 달리 이 수 체계에서는 특별한 덧셈과 곱셈이 적용되었다.

해밀턴의 새로운 사원수의 발명은 인류에게 새로운 상상력을 불러일으키기에 충분했다. 이것은 수학계에 새로운 지평을 여는 엄청난 사건이었다. 사원수는 그 당시 수많은 수학자와 과학자들에게 큰 영향을 미쳐 수학의 거의 전 분야에 활용되다시피 했다. 그러나 표기가 낯설고 난해하다는 이유로 벡터 해석학에 밀려 수학과 물리학에서 한동안 잊혔다가 공간상에서의 회전에 관한 사원수의 유용성 때문에, 컴퓨터 애니메이션 시대를 맞아 다시 주목받기 시작했다.

현재 활발히 응용되고 있는 분야로는 컴퓨터그래픽, 제어이론, 신호처리, 물리학, 생물 정보학(bioinformatics), 분자 동역학(molecular dynamics), 궤도 역학(orbital mechanics) 등이 있다.[25]

4장 수열은 게임이나 별자리

'모든 것에는 지문처럼 수열이 있다.'

4.1 수열의 탄생

수들이 일정한 규칙에 따라서 차례대로 나열될 때, 이 수들의 열을 수열(sequence)이라고 부른다. 모든 항이 실수인 수열을 실수열이라고 하고, 모든 항이 정수인 수열을 정수열이라고 부른다. 따라서, 1, 1/2, 1/3, 1/4, 1/5, … 은 실수열이고, 1, 2, 3, 4, 5, … 는 정수열이다. 그 밖에도 항에 복소수가 등장하는 복소수열도 있으나, 우리에게 가장 낯익고 자주 접하는 수열은 정수열이다. 우리가 잘 알고 있는 수열을 몇 개 나열하면 아래와 같다.

1, 3, 5, 7, 9, 11, … 은 각 항 간의 차이가 일정한 등차수열이고,
2, 4, 6, 8, 10, … 은 짝수열이면서 동시에 등차수열이고,
1, 2, 4, 8, 16, … 은 각 항 간의 비율이 일정한 등비수열이고,

2, 3, 5, 7, 11, … 은 모든 항이 소수인 소수열이다.

무리수로부터 나오는 수열도 있다. 예를 들어서 $\sqrt[n]{a}$ (a의 n 제곱근)이 그 한 예이다. 다시 말해 최초의 무리수로 알려진 $\sqrt{2}$ (2의 제곱근 혹은 루트 2)를 비롯해서 그 후로 테오도로스(Theodorus, 기원전 425년경)가 무리수임을 밝혔던 $\sqrt{3}$, $\sqrt{5}$, $\sqrt{6}$, $\sqrt{7}$, $\sqrt{8}$, $\sqrt{10}$ 등으로부터도 수열이 나온다.[1] 이를테면 $\sqrt{2}$는 순환되지 않는 무한소수로 수열이 1.414로 시작되고 루트 3과 루트 5도 아래와 같이 시작하는 무한소수들이다.

$\sqrt{2}$ =1.41421 35623 73095 04880 16887 24209 …
$\sqrt{3}$ =1.73205 08075 68877 29352 74463 41505 …
$\sqrt{5}$ =2.23606 79774 99789 69640 91736 68731 …

위에 나열된 정수열들은 무한소수로부터 나왔다. 그러나 무한급수(infinite series)로부터 나오는 유리수열도 있다. 수학에서 자주 등장하는 몇 개의 무한급수를 아래에 나열해 보자.[2]

$$\frac{1}{2}+\frac{1}{4}+\frac{1}{8}+\frac{1}{16}+\frac{1}{32}+\frac{1}{64}+\cdots=1$$

$$\frac{1}{2}-\frac{1}{4}+\frac{1}{8}-\frac{1}{16}+\frac{1}{32}-\frac{1}{64}+\cdots=\frac{1}{3}$$

$$\frac{1}{1}+\frac{1}{2^2}+\frac{1}{3^2}+\frac{1}{4^2}+\frac{1}{5^2}+\frac{1}{6^2}+\cdots=\frac{\pi^2}{6}$$

$$\frac{1}{3}+\frac{1}{3^2}+\frac{1}{3^3}+\frac{1}{3^4}+\frac{1}{3^4}+\frac{1}{3^5}+\cdots=\frac{1}{2}$$

$$1+1+\frac{1}{2}+\frac{1}{6}+\frac{1}{24}+\frac{1}{120}+\cdots=e$$

위 식들을 살펴보면 무한급수로부터 유리수들이 차례로 나온다는 것을 알 수 있다. 첫 번째 수열은 1/2, 1/4, 1/8, 1/16, 1/32, ... 이고 두 번째 수열은 1/2, -1/4, 1/8, -1/16, 1/32, ... 로 양수와 음수가 교대로 나타난다. 세 번째 수열은 1, 1/4, 1/9, 1/16, 1/25, 1/36, ... 로 시작하는 무한수열이다. 이렇게 수열은 다양한 곳에서 발견되는데, 수열마다 고유의 어떤 의미가 있다.

수열마다 어떠한 의미가 있을까?

물론 우리는 그 수열이 어디에서부터 왔는지를 알면 수열의 의미를 일부 추정할 수 있다. 그리고 수열의 일반항(수식)만 알아도 다음 항들이 어떻게 될지 예상할 수 있기 때문에 일차적인 의미를 더듬어 볼 수 있다. 그러나 그것이 전부가 아니다. 수열의 깊은 의미는 대부분이 숨겨져 있고 다중의 의미를 지닌다. 아래는 필자가 시집 『아담의 시간여행』을 출간하면서 남긴 「시인의 말」이다.

우연인 것은 하나도 없다.
내가 여행길에서 낯선 아이들을 만난 것도

그들과 광활한 시공간 위의 한 점에서 잠시 노닐었던 것도
그때 누가 다가와 다음과 같이 쓰고 떠나갔던 것도

1=1/2 + 1/4 + 1/8 +1/16 +1/32 + …

방금 뭇시선을 피해서
수식을 지우고 다른 글자들로 채워 넣으려 했던 것도
그러나 결국은 그렇게 할 수 없었던 것도
결코 우연이라고 생각하지 않는다.

― 「시인의 말」, 『아담의 시간여행』에서

    위에 나오는 수식은 항마다 반으로 줄어드는 등비수열 1/2, 1/4, 1/8, 1/16, 1/32, …의 항들을 무한히 더한 무한급수(infinite series)이다. 이 수식이 의미하는 것이 무엇일까? 이 급수의 특징 중 하나는 항을 많이 더하면 더할수록 1에 근접하나, 아무리 더해도 1을 절대로 넘지는 않는다는 것이다. 이러한 급수(혹은 수열)의 일차적인 의미를 우리 삶에 투사시킬 때 이차적인 의미가 파생되어 나올 수 있다. 이차적인 의미는 독자에 따라서 다를 것이다. 위의 수열에 대한 이차적인 해석을 국제언어문학(53호)의 글을 인용해서 설명해 보자.[3]

    위에 나오는 무한급수는 '시 문장'으로 읽을 때, 읽는 사람마다

다르게 읽힐 수 있다. 그 이유는 식 속에 수많은 이야기들이 함축되어 있고, 그 속에는 미지수들만 남아 있어서 읽을 때 독자들이 빈 공간에 내용을 직접 채워 넣어야 하기 때문이다. 위 수식으로부터 느껴지는 다의성과 빈 공백은 순전히 독자의 몫이다. 시에서 다의성이나 빈 공백은 포스트모더니즘의 특징 중 하나이다.

위 무한급수를 '시 문장'으로 읽을 때, 고군분투하면서 밤낮으로 달려가는 이들에게는 '계속 정진하라'로 읽힐 수 있고, 이미 최고의 경지에 이른 이들에게는 '겸손하라'라는 권고의 말로 들릴지 모른다.

위 인용문에서 언급했듯이 수열 1/2, 1/4, 1/8, 1/16, 1/32, …은 누구에게는 '계속 정진하라'고 격려하는, 또 다른 누구에게는 벼가 익을수록 고개를 숙이는 것처럼 '겸손하라'고 당부하는 메시지로 읽힐 수 있다. 그러나 위 수열이 어느 독실한 종교인에게는 성화의 과정에 참여하라는 권고로 해석될 수도 있다.

다음은 수열 $1/3, (1/3)^2, (1/3)^3, (1/3)^4, (1/3)^5, …$을 차례로 더한 무한급수로부터 영감을 받아서 쓴 시, 「바벨의 땅」의 전문이다.

아우성이 하늘을 찌르더라

하나가 셋으로 나뉘고
그중 하나가 셋으로 나뉘고
그중 하나가 거듭 셋으로 나뉘고

그중 하나가 거듭거듭 셋으로 나뉘고 나뉘고 나뉘고
이렇게 나뉜 조각들이 모인 곳이 지구 위 반점이라니

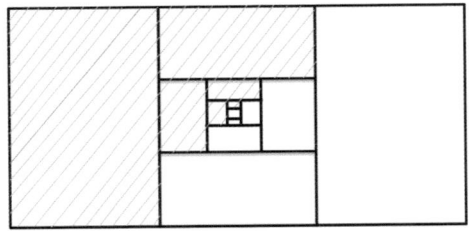

형제도 나뉘고 마음도 나뉘고
이념도 셋으로 나뉘고 좌로 우로 중도로
시인도 나뉘고 양심도 나뉘고
시인들의 펜촉 방향도 흔들리고

- 「바벨의 땅」, 『라마누잔의 별 헤는 밤』

　요즘 어느 사회든지 심하게 분열되어 있다. 작은 아파트 단지 안에서도 아파트 운영 문제를 놓고 주민들 간의 의견이 첨예하게 갈라져 있다. 가정이나 회사는 어떠한가? 나라는 또 어떠한가? 한 가지 확실히 말할 수 있는 것은 사회가 점점 더 이기적이고 개인주의적인 방향으로 흘러가기 때문에 분열이 갈수록 더 심화될 것이라는 것이다. 따라서 가정도, 회사도, 나라도 분열의 위기 앞에서 위태롭다. 특히 우리나라는 이념적으로 좌파와 우파, 그리고 중도로 나누어져 있다. 이러한 분열을 조심해야 하는 이유는, 위의 무한수열처럼 나뉘고 나뉘고 나뉜 조각들을 아무리 다 모아봐도 1은 물론이거니와 반(1/2)도 넘지 않기 때문이다. 가정이 하나로 화합해야 한 가정이 되듯이 나라도 하나로 뭉쳐질 대 비로소 안정된 나라가 된다.

정수열과 OEIS

지금까지 발견되어 우리에게 알려진 수열들만 해도 엄청나게 많이 있다. 그러나 아직 발견되지 않은 수열은 그보다 훨씬 더 많다. 이 수열들 속에 수많은 메시지가 숨겨져 있다고 생각하기만 해도 짝사랑하는 소녀 앞에 선 소년처럼 설렌다.

최근에 수학자, 물리학자, 공학자들 사이에서 정수열에 대한 관심이 증폭되었다. 그 이유는 정수열이 컴퓨터, 게임, 보안 등에서 가능성을 보였기 때문이다. 지금까지 우리에게 알려진 정수열도 많으나 아직 숨겨져 있는 정수열은 더 많다. 온라인 정수열 백과사전(OEIS)에 의하면 해마다 새로 발견되는 정수열은 2023년 4월 현재 36만 개 이상 된다고 한다.* OEIS는 1964년 코넬 대학의 학생이었던 네일 슬로운(Neil Sloane)이 박사 논문을 준비하면서 처음으로 수열들을 모아서 1973년 책으로 출판한 것이 계기가 되었다. 그 후 수열들의 수가 점차 많아져서 1996년에는

---

* 온라인 정수열 백과사전(The On-line Encyclopedia of Integer Sequences, OEIS)은 엄청난 양의 정수열 데이터베이스로서 새로 발견된 수열을 확인하거나, 다양한 분야에서 새로운 추측을 제시하는 도구로 쓰이고 있다.

인터넷에 OEIS를 띄우기 시작했고, 1996년에서 2009년 사이에 데이터베이스는 매년 1만 개 이상 증가했다고 한다. 개인이 운영하기에는 너무 방대하게 커져서 2009년에 비영리 단체인 OEIS가 설립되었고, 2010년부터는 누구든지 새로운 수열을 제안하거나 업데이트하면서 자유롭게 참여할 수 있는 시스템으로 발전했다고 소개하고 있다.[5]

이 OEIS 시스템이 흥미로운 것은 누구나 수열을 찾거나 그것에 관한 토론에 참여할 수 있을 뿐만 아니라, 수열을 발견하거나 이바지한 사람의 이름이 참고문헌에 명시된다는 점이다. 그리고 수열을 그래프로 보여주기도 하고 음악으로 들려주는 아이디어는 우리에게 무한한 상상력을 제공해 준다. 처음 1,000개 수열에 대한 그래프들을 사운드트랙과 함께 미주에 있는 유튜브 영상으로 볼 수 있으니 시청하기를 바란다.[6]

유명한 수열 중에는 아름다운 피아노 소리를 내는 레카만 수열(Recaman's sequence) A005132, 그래프의 모양이 전투기 편대나 나비가 날아가는 모습과 흡사한 수열 A154438, 사각형이 그래프에 나타나는 수열 A048377 등이 있다.

0, 1, 3, 6, 2, 7, 13, 20, 12, 21, 11, 22, 10, 23, 9, ... (A005132)

0, 1, 3, 2, 7, 4, 5, 6, 15, 12, 9, 10, 11, 8, 13, 14, ... (A154438)

0, 11, 222, 3333, 44444, ... 9999999999, 110, 1111 ... (A048377)

그동안 숱한 수열들이 우리에게 모습을 드러냈으나 아직도 주목받지 못하고 잠자는 수열들이 많다. 앞으로 무한한 응용 가능성 때문에 이 분야에 대한 관심이 더 뜨거워질 것이다. 수열 하나하나마다 고유의 특징이 있고 아직 알려지지 않은 응용 분야들이 많이 있을 것이다. 어느 수열의 그래프는 화가에게, 어느 수열의 음악은 작곡가에게 영감을 줄지도 모른다. 과학자, 수학자 또는 일반인이 새로운 수열을 찾아낼 때 느끼는 희열은 아마도 천문학자가 새로운 별자리를 발견했을 때와 같을 것이다. 그래서 게임에 빠져있던 어린 소년소녀들이 정수열(CEIS)을 안 뒤로 그 매력에 흠뻑 빠져 놀다가 대학교 수학과에 진학하여 수학자의 길에 들어섰다는 이야기가 앞으로 종종 들려올지도 모른다.

4.2 피보나치수열

수열 중에서 가장 유명하고 아름다운 수열은 무엇일까? 아마도 수학자들은 주저하지 않고 '피보나치수열(Fibonacci Sequences)'이라고 말할 것이다. 피보나치수열은 '피사의 레오나르도'로 알려진 피보나치(Fibonacci, 1175~1240)가 그의 저서 『산술서』 12장에서 토끼의 번식 문제를 다룰 때 처음 나왔다.

피보나치(Fibonacci)

토끼 번식 문제

피보나치가 그의 저서 『산술의 서』에서 토끼의 번식 문제를 어떻게 설명하고 있는지 어느 수학과 교수의 논문을 인용하자.[7]

> 새로 태어난 암수 한 쌍의 토끼가 들판에 있다고 하자. 토끼들은 한 달이면 성장해서 어미 토끼가 되고 짝을 지어 두 번째 달부터 매월 한 달에 암수 한 쌍의 새끼를 낳는다. 그리고 태어난 새끼 토끼도 생후 1개월이 되면 어미 토끼가 되어 생후 2개월이 될 때부터 매월 암수 한 쌍씩의 새끼를 계속해서 낳는다고 가정할 때, 일 년이 되면 한 쌍의 토끼로부터 몇 쌍의 토끼가 생기는가? 단, 질병 등으로 죽는 일은 없다고 가정하자.

우선 첫째 달 초에 방금 태어난 한 쌍의 새끼 토끼가 있다. 둘째 달에는 새끼 토끼 한 쌍이 어미 토끼 한 쌍으로 성장해 있으나 여전히 한 쌍의 어미 토끼만이 있다. 셋째 달에는 어미 토끼 한 쌍이 새끼 한 쌍을 낳아, 어미 한 쌍과 새끼 한 쌍, 전체 토끼가 2쌍이 된다. 넷째 달에는 새끼 한 쌍이 어미가 되어 어미가 2쌍으로 하나 늘어나고, 이전 어미는 새끼 한 쌍을 다시 낳아, 전체 토끼는 3쌍이 된다. 다섯째 달에는 이전 어미 2쌍이 새끼 2쌍을 낳고, 이전 새끼 한 쌍이 어미 한 쌍이 되어 모두 3쌍의 어미가 된다. 따라서 전체 토끼 쌍은 5쌍으로 늘어난다. 이런 식으로 계산해 보면, 매달 초에 전체 토끼 쌍의 수는 1, 1, 2, 3, 5, 8, 13, 21, 34, 55, 89, 144, ...으로 늘어난다. 이 수들을 피보나치

수(Fibonacci number), 그리고 수열을 피보나치수열이라고 부른다.

피보나치 수는 바로 전 두 항의 합으로 얻어진다. 예를 들어서 5번째 항의 피보나치 수(F_5) '5'와 6번째 항의 피보나치 수(F_6) '8'을 합해서 다음 항으로 '13'(=5+8)이 온다. 이러한 성질을 바탕으로 여러 가지 관계식들을 얻을 수 있다니,[8] 참으로 피보나치 수가 놀랍고 특별한 수라고 말할 수 있다. 피보나치 수가 경이로운 것은 여기에서 그치지 않고 자연 속에서 자주 나타난다는 것이다.

수벌의 가계도

위의 토끼 번식 문제에서 피보나치의 수가 나타나는 것을 보았는데, 수벌의 가계도에서도 피보나치 수가 나타난다. 꿀벌에는 세 종류의 벌들이 있다. 일은 하지 않고 여왕벌과 교미만 하는 수벌, 온갖 일을 다 하는 암벌(일벌), 알을 낳고 번식하는 여왕벌이 있다.

수벌은 무정란에서 태어나기 때문에 어머니만 있고 아버지는 없다. 그러나 암벌은 여왕벌이 수벌과 짝짓기해서 태어난다. 즉 모든 암벌은 어머니도 있고 아버지도 있다. 다시 말해서 수벌의 부모는 단지 암벌 '하나'인데, 암벌의 부모는 모두 둘이다. 따라서 어느 한 수벌의 조상을 위로 계속해서 따라 올라가면, 그의 조부모는 암벌과 수벌 하나씩 모두 '둘', 증조부모는 '셋', 고조부모는 모두 '다섯'이 된다. 수벌의 가계도에서 나타나는 1, 1, 2,

3, 5,… 가 바로 피보나치수열이다. 놀라운 일이다.

솔방울

피보나치의 수는 식물에서도 찾을 수 있다.

솔방울에 피보나치의 수가 있다고 알려져 있다. 이것을 직접 확인하기 위해서 아파트 주변에 있는 소나무들의 솔방울을 다수 채취해서 관찰하였다. 놀랍게도 모두에서 피보나치 수를 발견할 수 있었다. 솔방울 뒤에서 바라보면 두 방향(좌회전, 우회전)의 나선형 배열이 있는데, 한쪽으로 나선의 개수가 13이면 다른 방향으로는 나선의 개수가 항상 8이었다. 이처럼 솔방울에서 피보나치 수가 나타나는 것은 다른 소나무들에서도 거의 마찬가지이다.[9]

파인애플

피보나치 수는 파인애플 껍질에서도 확인할 수 있다. 일반적으로 파인애플의 껍질에 있는 포엽은 서로 다른 세 가지 나선형 방향으로 배열되어 있으며, 각각의 방향마다 나선의 수가 5개, 8개, 13개가 존재하는 것으로 알려져 있다. 이것을 직접 확인하기 위해 식품점에서 필리핀산 파인애플을 사서 관찰하였다. 예상대로 파인애플 껍질에 있는 포엽들은 나선형으로 배열되어 있었고, 2개의 나선형 패턴이 뚜렷하게 보였다. 나선형 패턴이 3개가 아니고 2개인 이유는 포엽의 모양이 육각형인 일반적인 파인애플과는 달리 오각형에 가깝기 때문이다. 관찰한 결과, 한 방향으로 배열된 나선의 수는 8개이고, 다른 방향으로 나선의 수가 13이었다. 따라서 포엽의 모양과 상관없이 파인애플의 껍질에 배열된 나선 수는 대거가 피보나치 수를 따른다고 말할 수 있다.

꽃잎의 수

꽃에서도 피보나치의 수가 자주 등장한다. 예를 들어서 꽃잎의 수는 주로 피보나치의 수를 따른다. 과연 꽃잎의 수가 피보나치의 수를 따를까? 그것이 궁금해서 직접 아파트 주변의 꽃들을 두어 시간 정도 관찰했다.

그 결과 대부분 마주친 꽃들의 꽃잎 수는 5개였다. 뱀딸기의 노란 꽃잎의 수가 5개, 조팝나무의 흰 꽃잎의 수도 5개, 분홍색 꽃잔디와 흰색 꽃잔디의 꽃잎 수도 5개, 황매화의 꽃잎 수도 5개, 제비꽃의 흰색 꽃잎 수도 5개, 양백당나무의 꽃잎 수도 5개, 영산홍의 꽃잎 수도 5개였다. 그리고 방가지똥의 노란 꽃잎 수는 모두 21개였다. 이들 꽃잎의 수는 모두 피보나치 수를 따랐다. 그러나 피보나치 수를 따르지 않는 예도 있었다. 애기똥풀꽃은 4개의 노란 꽃잎을 가지고 있었다.

그리고 지금이 5월 초라서 관찰할 수는 없으나, 백합과 아이리스는 꽃잎의 수가 3개이고, 코스모스는 꽃잎이 8개, 금잔화는 꽃잎이 13개이다. 그리고 아파트 안에서 환하게 웃고 있는 분홍색 꽃기린 꽃잎은 2장이다. 지금까지 언급된 꽃들처럼 꽃잎의 수는 거의 피보나치 수, 2, 3, 5, 8, 13, 21,⋯ 을 따른다는 것을 알 수 있다. 여기서 언급한 자연 속 피보나치 수의 예는 극히 일부이다. 직접 관심을 두고 찾아보면 여기저기에 그것들이 수없이 숨어 있다는 것을 발견하게 될 것이다.

황금비

피보나치의 수열이 특별한 이유는 황금비(golden ratio, $\varphi=1.61803\cdots$)와 관련이 있기 때문이다. 구체적으로 말해서 피보나치의 수가 커질수록 연속되는 두 피보나치 수의 비율이 세상에서 가장 아름다운 비율로 알려진 황금비에 더 근접하게 된다. 따라서 피보나치수열의 처음 몇 항을 제외하면, 연속되는 두 수의 비율이 황금비에 가깝다.

사람들은 세상에서 가장 아름다운 직사각형을 '황금 직사각형'이라고 부르고 이 직사각형에 대한 사람들의 반응을 오랫동안 조사해 왔다.[10] 그 결과 두 변의 길이 비율이 '황금비'인 '황금 직사각형'이 대부분의 사람들에게 심리적/미학적으로 호감을 가장 많이 갖게 하였다고 한다. 이러한 이유로 인해서 우리 주변의 직사각형 물건 중에는 '황금 직사각형'이나 '황금비'를 사용한 경우가

비너스 탄생 　　　　　　　　모나리자
(산드로 보티첼리 작품)　　　(레오나르도 다빈치 작품)

꽤 많다. 참고로, 필자가 최근에 발간한 시집들은 모두 '황금 직사각형'이고, 세로(21cm)와 가로(13cm)의 비율은 '황금비'이다.

　그리스 예술품과 건축물들에도 황금비가 적용되었다고 주장하는 의견들이 많이 있다. 이에 해당하는 조각품으로는 로마의 바티칸 박물관에 있는 '아폴로 벨베데레'와 파리의 루브르 박물관에 전시된 '밀러의 비너스'가 있다.[11] 그리고 그림 속에 황금비의 비밀이 담겨 있을 것으로 추정되는 예술 작품으로는 보티첼리 작품의 '비너스 탄생'과 레오나르도 다빈치의 '모나리자'가 있다. 그 밖의 많은 작품에서 황금비의 흔적이 나타나는 것은, 그것이 우연이든 의도적이었든 그만큼 피보나치수열이 우리 삶에 깊이 관여하고 있다는 방증이라 할 수 있다.
　다음은 「피보나치의 꽃」이라는 시의 전문이다.

너는 처음 태어나 숨죽인 채로
세상 속에서 황금비의 유전인자를 퍼뜨리며
영원히 살아서 이글거리는 불꽃

은하에 별들이 반짝이는 것은
그 속에서 너의 자식의 자식들이
눈금자를 놓고 삼삼오오 모여
황금 실로 수놓아 우주를 꾸몄기 때문이다

피라미드 속 삼각형들이 황금빛으로 물들고
베스트셀러 책들도 너를 따라 하고

너를 닮으려고 밤낮으로 밀물 썰물이 오간다

파동이 있는 곳마다 단골로 찾아오는
너의 예지력은 솔로몬의 별빛보다 빛난다

그녀에게서 웃음꽃이 활짝 필 때
꽃잎의 수가 하필 삼, 오, 팔, 열셋인 것은
천상의 미소를 담기 위함인가요

삶은 몸으로 연주하는 선율
베토벤 교향곡이 잔잔히 흐르다가도
순간순간 클라이맥스에 이르는 것은

숨어 있다가 당신이 나와 간섭한 까닭이지요

- 「피보나치의 꽃」 전문, 『시와경계』[12]

주가 변동

미국의 회계사이며 공학자였던 엘리엇(Ralph Nelson Elliot, 1871~1948)은 오랫동안 주식 변동과 주식 투자자들의 움직임을 관찰한 후 주식 시장이 일정한 패턴을 가지고 오르내린다는 것을 발견하였다. 이러한 패턴을 '엘리엇 파동'이라고 부르는데, 놀랍게도 그의 파동이론 속에는 피보나치의 수가 가득하다. 『피보나치 넘버스』를 참고해서 엘리엇의 파동이론을 설명하면 다음과 같다.[13]

약세장(bear market)에서 2번의 충격 파동(impulsive phase)과 1번의 조정 파동(corrective phase), 총 3번의 파동이 있다. 그리고 강세장(bull market)에서 3번의 오름세 충격 파동과 2번의 조정 파동, 총 5번의 파동이 있다. 이렇게 한 주기 안에서 총 8번의 파동이 관찰된다. 여기서 나오는 1, 2, 3, 5, 8은 모두 피보나치 수들이다. 주식 파동이론에 등장하는 피보나치 수는 이것들만 있는 것은 아니다. 이어서 주파동(major wave)은 다시 하위(minor) 파동과 중간(intermediate) 파동으로 나뉘는데, 일반적인 약세장에서는 중간 파동이 13번 있고, 강세장에서는 중간 파동이 21번 있다. 도

합 총 34번의 중간 파동이 있다. 또한 약세장에서는 하위 파동이 55번, 강세장에서는 89번, 도합 144번의 하위 파동이 관찰된다.

위 파동이론에 등장하는 숫자들이 모두 피보나치 수라는 것이 놀랍지 않은가? 인간의 마음이 깊이 관여하고 있는 주식 시장에 자연의 섭리 중 하나인 피보나치수열이 끼어 있는 것은 어쩌면 당연한 일인지 모른다.

2부

수학의 꽃 이야기

'모든 문제에는 해답이 있다.
　　　그것이 실근이든 허근이든'

5장 수학이 있으면 해답이 있다

'수학이 너희를 자유롭게 하리라.'

공학수학을 처음 배우는 학생이 우선 반드시 알아야 하는 개념이 둘이 있다. 하나는 '해답에 대한 개념'이고, 다른 하나는 '수학적 모델링'(mathematical modeling)이다. 이 개념들을 이해하는 것이 중요하기 때문에 여기서 자세히 설명해 보도록 하겠다.

5.1 해답은 무엇인가

세상을 시적으로 음미하는가? 그대는 시인이다.
세상을 물리적으로 들여다보는가? 그대는 물리학자이다.
세상 문제를 공학적으로 접근하는가? 그대는 천재 공학자이다.
세상 모든 문제를 수학적으로 바라보는가? 그대는 천재 수학자이다.

시인이든, 과학자이든 또는 철학자 아니 당신이 누구라고 해도, 나는 당신 주변의 문제를 우선 수학적으로 접근하기를 바란다. 그렇게 함으로써 당신은 멋진 인생을 설계하고 누리면서 좀 더 깊이 있고 의미 있는 삶을 살 수 있을 것이다. 그렇게 살다 보면 어느 날 문득 자신이 수학하는 시인이나 철학자라는 사실을 깨닫게 될지 모른다.

거듭 말하지만, 우리에게 낯선 수많은 현상이나 문제들이 산업 현장과 사회 곳곳에 심지어 가정에 도사리고 있다. 이들로부터 우리가 얻을 수 있는 방정식은, 운이 좋으면 앞에서 살펴본 것과 같이 비교적 간단한 수식일 수 있고, 아니면 그것보다 훨씬 더 복잡해서 단순히 수식으로 나타내기 어려운 추상적인 개념들의 뭉치일 수도 있다. 어느 경우이든지, 중요한 것은 그것으로부터 '어떻게 해답을 구할 것이냐'이다.

그런데, 해답은 무엇인가? 공학수학 시간에 학생들은 방정식을 푸는 방법을 배우기 전에 우선 '해답의 개념'부터 배운다. 왜 그럴까? 그만큼 방정식의 해답을 찾는 데 있어서 '해답의 개념'을 이해하는 것이 중요하기 때문이다.

해답의 개념은 이렇다. '무엇이든지 방정식에 대입해서 그 방정식을 만족시키면 그것이 해답이 된다.' 다시 말해서, 방정식에 어떤 값을 넣었을 때, 그 방정식의 '좌변과 우변이 같다'면 그 값이 방정식을 만족시키기 때문에 해답이 되는 것이다. 이해를 돕기 위해서 아래에 있는 방정식을 예로 들었다.

(예)　　$x^2 + 1 = 2 \times 10^{x-1}$

위에서 기술한 바와 같이, '주어진 식에 무엇을 대입했을 때 좌변과 우변이 같다면 그것이 해답이 된다.' 이것이 '해답의 개념'이다. 따라서 위 식의 해답을 찾기 위해서 맨 처음 시도해 볼 수 있는 것은, 식의 좌변과 우변에 미지수인 x 대신 무엇이든지 짐작이 가는 것을 대입하는 것이다. 그랬을 때 '좌변=우변'이 된다면, 그것이 해답이 되는 것이다.

그렇다면 무엇이 위 식의 해답이 될 수 있을까? 여기서 우리는 어렵지 않게 '$x = 1$'이 해답이 된다는 것을 쉽게 짐작할 수 있다. 왜냐면 '$x = 1$'를 위 식에 대입했을 때, 아래와 같이 좌변과 우변이 동일하기 때문이다.

$$좌변 = (x^2 + 1)_{at\ x=1} = 2,$$

$$우변 = (2 \times 10^{x-1})_{at\ x=1} = (2 \times 10^0) = 2.$$

이렇게 '해답의 개념'은 아주 쉽고 간단하지만, 이 개념은 굉장히 중요하다. 여기에서 예로 보여준 방정식의 경우, 이 개념을 모르고 기존의 방법만을 고집하여 문제를 풀려고 한다면 해답을 찾기가 쉽지는 않을 것이다.

또 다른 아주 쉬운 예를 들어보자. t가 변수인 함수 $y(t)$에 대한 미분 방정식은 아래와 같다. 무엇이 이 방정식의 해답이 될까? 미분에 대한 개념은 다음 절에서 자세히 다룰 것이다.

(예) $\dfrac{dy}{dt} = y$

위 방정식에서 좌변은 우리가 구하려고 하는 함수 $y(t)$의 변화율이고, 우변은 그 함수 자신이다. 따라서 '자기 자신($y(t)$)의 변화율(dy/dt, 미분)이 자신(y)과 같은 함수를 찾으면 그것이 해답이 된다. 그런데 지수함수(e^t)는 아무리 여러 번을 미분해도 변함없이 자신이 되는 독특한 함수이다. 따라서 $y(t) = e^t$이 해답이다. 물론 이 식(e^t)을 위 방정식에 대입하면 '좌변=우변'이 되어 방정식을 만족시킨다.

그런데 여기서 우리가 항상 염두에 두어야 할 것이 있다. 지금까지 '해의 개념'을 쉽게 설명하기 위해서 아주 간단한 예들을 살펴보았으나, 우리가 풀어야 할 문제들은 모두 위의 예들처럼 쉽게 풀리는 수식 문제가 아니라는 것이다. 인생에 대한 문제는 더욱더 그렇다.

  삶의 문제를 수식으로 기술할 수 있다면 오죽 좋겠는가.

  우리 주변의 숱한 문제 중에는 오히려 간단히 수식으로 기술하기 곤란한 해답이 많이 있다. 그런데도 위에 언급한 '해의 개념'은 복잡한 삶의 문제에서도 해결의 열쇠가 될 수 있다.

  다음은 공학수학을 수강하는 나의 학생들에게 '해답의 개념'을 쉽고 재미있게 설명하기 위해서 쓴 시, 「사랑의 해법을 말하다」이다. 시의 작품성을 떠나서 '해답의 개념'이 무엇인지를 생각하면서 감상하기를 바란다.

절망의 늪에서 앞이 캄캄해질 때 우리가 할 수 있는 일은 그냥 뭐든지 주어진 식에 던져보는 것, 그래서 좌변과 우변이 같으면 되는 것이다. 허나 어디 그것이 그리 호락호락한가. 한두 번 허탕치고 마음을 추스를 때쯤에는 식은 이미 진화하는 변수와 세포 분열 중인 파라미터들을 데리고 멀리 지구 대기권을 벗어나고 있을 것이다. 그렇다면 어찌할 것인가. 명심할 것은 사랑의 문제가 초등생 산수 문제가 아니라는 것 혼자서는 풀 수 없다는 것이다. 애초부터 얌전히 가만있는 解는 부재하기 때문에 그녀 스스로 답이 될 수 있도록 도움을 받아내지 못하는 한, 이내 변수는 계속해서 변할 것이고 방정식은 우주까지 팽창해서 초음속기로도 따라잡을 수 없게 될 것이다. 한 시절 사람의 마음은 초기 조건에 따라 변하는 고차 방정식 같으니 시공간을 따라 변화무쌍한 연인의 마음을 잡기 위해서는 解가 움트는 신호가 올 때까지 인내해야 하느니. 그것은 또 비선형 편미분 방정식의 경계 조건 문제이니 코사인이든 사인이든 음악과 조명등을 켜놓고 기다려야 하느니. 세상은 금세 풀리지 않는 문제투성이니 꽃이 答이 될 때까지 마음을 다하면 그녀는 스스로 조건들에 맞는 答이 되리. 행여 말없이 그녀가 떠난다 하더라도 실망하지 말 것은 세상엔 答이 없는 答이 셀 수 없이 많으니.

- 「사랑의 해법을 말하다」 전군, 『다시올 문학』[2]

위 시에서는 우리가 극한의 어려움에 처해 있더라도 절대로 포기하지 말고 무엇이든지 해보라고 말한다. 이런저런 것들을 삶의 방정식에 대입하여 좌변과 우변이 같은지 확인하면서 해답을 찾아보라는 것이다. 특히 사랑의 문제는 복잡한 비선형 방정식처럼 난해하고 파라미터 값들이 지속적으로 변하기 때문에 인내하면서 '해답의 개념'을 차분히 적용해 보라고 권하고 있다. 그러나 세상에는 答이 없는 答도 많으니 答을 얻지 못해도 실망하지 말라고 당부한다.

5.2 수학적 모델링

'수학적 모델링'이란 간단히 말해서 어떤 현상이나 사건을 수학적으로 나타내는 것으로, 시뮬레이션과 비슷한 개념이라고 생각하면 된다. 그러나 좀 더 자세히 말하면, '수학적 모델링'은 어떤 물리적이나 자연적인 현상들을 우선 수식으로 나타내고, 이어서 그 수식을 풀어 현상들을 설명하는 전 과정을 말한다. 우리 주변에서 일어나고 있는 숱한 자연 현상이나 공학적인 문제들 중에는, 이미 우리에게 잘 알려진 것들이 있고, 반면에 아직도 베일에 싸여 있는 수많은 미지의 문제(또는 현상)들도 있다. 전자는 이미 그 현상에 관한 수식을 알고 있어서 우리가 그 현상들을 잘 이해하고 있는 경우이고, 후자는 아직 그 수식을 찾지 못해서 그 현상들을 이해하지 못하는 경우이다.

지금 우리 앞에는 무수히 많은 문제가 놓여 있다. 인류의 생명을 위협하는 심각한 환경 문제와 핵전쟁의 위험이 항상 시한폭탄처럼 가까이에서 도사리고 있다. 우선은 최근에 출현한 신종 코로나바이러스와 같은 문제가 있고, 노인이 되면 노후를 위해서 항상 신경 써야 할 건강 문제가 있다. 그 밖에도 앞으로 언제 출현할지 모르는 미지의 신종 슈퍼바이러스와 언제 지구와 충돌할지 모르는 소행성의 문제에 이르기까지 각종 문제들이 우리 주변에 끝없이 널려 있다.

이들 문제에 대비하려면 어떻게 해야 하나? 수학적으로는 간단하다. 우리가 개개의 문제에 관여하는 '수식(미분 방정식 혹은 방정식)'을 우선 찾아내고, 다음은 그 식의 해를 구하고, 마지막에는 그 결과를 해석하면 된다. 이 3단계 과정을 앞에서 '수학적 모델링'이라고 했다.

물론 '수학적 모델링'에서 모든 단계가 다 중요하지만, '방정식(수식)'을 찾아내는 첫 번째 단계가 가장 중요하고 어렵다. 일단 정확히 '방정식'을 찾아내면 모델링이 거의 끝났다고 봐도 무방하다. 왜냐면 다음 단계에서는, 공학수학에 나오는 해법이나 컴퓨터를 이용하여 방정식의 해를 구할 수 있고, 그 해를 알면 문제를 정확히 이해할 수 있기 때문이다.

미분은 수학의 꽃이다.

우리 주변에서 일어나고 있는 수많은 현상들을 설명하기 위해서는 수학적 모델링 과정을 거치게 되는데, 이때 '미분의 개념'을 이해할 필요가 있다. 그 이유는 세상에 있는 모든 것들이 끊임없이 변화하고 있기 때문이다. 나무의 잎이나 줄기, 나이테가 날마다 변화하고, 바위조차도 화학 반응이나 풍화 작용으로 조금씩 변화한다. 인체의 세포 수도 수명이 다하기 전까지 끝없이 변화한다. 여기서 변화하는 정도, 즉 '변화율'이 바로 '미분'이다.

미분(微分)은 잘게 나누어진 부분들의 순간적인 차 또는 증감으로부터 '변화율'을 구하는 개념이므로 '미분은 변화율이다'라고 간단히 말할 수 있다. 그런데 미분과 적분은 항상 같이 다닌다.[*] 미분은 곡선의 기울기를 구하거나 함수의 최대-최솟값을 구하는 문제에서 그 개념이 처음 나왔고, 적분(積分)은 면적, 체적 그리고 호의 길이를 구하는 개념에서 시작되었다.

'미분'에 대해서 좀 더 자세히 설명하면, '미분'은 변수 x가 변할 때 그 함수 y 즉, $y(x)$가 얼마나 변하는지를 나타내는 '변화율'을 말한다. 다시 말해서 x가 dx만큼 변하는 동안, 함수 y가 dy만큼 변한다고 하면, 이때의 x의 변화량(dx) 대 y의 변화량(dy), 즉

---

[*] 적분(積分)은 쉽게 말해서 아주 작은 부분들을 '합산'해서 전체를 구하는 개념이다. 미분과 적분은 서로 반대되는 개념이다. 따라서 어느 함수를 한 번 적분하고 한 번 미분하면 도로 원래의 함수가 된다. 그러나 공학이나 과학에서는 미분이 주로 많이 나온다.

'변화율' dy/dx를 미분이라고 한다.[3] 따라서 변화율이 크면 클수록 미분 값이 크다고 말할 수 있다.

다음 예를 통해서 좀 더 미분의 개념에 대해서 고찰해 보자. 바다 위를 항해하는 함선이 있다. 함선이 원점으로부터 이동한 거리(y)를 시간(t)의 함수로 나타내면 그림 5와 같다. 여기서 수직 좌표 축(y)은 시간에 따라서 달라지는 배의 위치를 나타내며, 수평 좌표 축은 시간을 나타낸다. 어떤 시간 t_1에서 배가 y_1에 있다가, 미소 시간 dt만큼의 시간 경과 후 위치가 dy만큼 이동했다고 할 때, 물체의 위치의 변화율(dy/dt), 즉 곡선의 기울기가 바로 시간 t_1에서의 함선의 '속도'가 된다. 이것도 미분이다.[4]

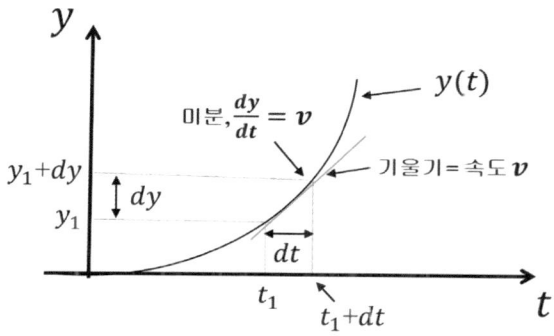

그림 5. 미분과 속도의 개념

위 그림으로부터 위치 함수 $y(t)$의 기울기가 시간에 따라서 달라지는 것을 알 수 있다. 이것은 기울기가 속도(v)를 의미하기 때문에 함선의 속도가 시간에 따라서 변하고 있다는 것을 말해 주는 것이다. 만일 그림 5에서처럼 어느 시간 t_1에서 위치 y_1에 있던 배가 0.1초 후에 1미터만큼 이동했다면, 함선의 속도 $v(dy/dt,$ 위치 변화율 또는 기울기)는 초속 10(m/s)가 될 것이다. 이렇게 이동하는 물체의 위치 '변화율' 즉 '미분'(값)으로부터 '속도'를 구할 수 있다.

마찬가지로 시간에 따라서 함선의 속도가 얼마나 변화하는지를 알면, 그 속도 함수(v)를 미분해서 가속도가 어떻게 되는지도 알 수 있다.[5] 또한 우리가 앞에서 위치 함수를 미분해서 속도를 구한 것처럼 역으로 속도를 적분함으로써,[6] 함선이 일정한 시간 동안 이동한 총거리도 알 수 있다.

이처럼 '미분'은 '변화율'을 말하며, 운동하는 물체의 속도와 가속도를 구하는 데 유용한 도구일 뿐만 아니라, 우리 주변의 수많은 자연 현상이나 공학 문제들을 해석하는 데 있어서 꼭 필요한 기초 개념이다.

방사성 붕괴

우리가 잘 알고 있는 물리 현상인 방사성 붕괴(radioactivity decay)는 '수학적 모델링'의 좋은 예가 된다. 방사성 붕괴는 지금으로부터 백 년 전쯤에 과학자인 베크렐(Becquerel, 1852~1908), 퀴리(Curie, 1867~1934) 그리고 러더퍼드(Rutherford, 1871~1937)의 실험으로 밝혀졌다. 우라늄이나 라듐과 같이 불안정한 방사성 물질(radioactive material)은 시간이 지나면 핵이 붕괴하여 그 양이 감소하는데 이 현상을 방사성 붕괴라고 말한다. 이러한 현상 때문에 자연 상태에서는 어느 정도 시간이 지나면 방사성 물질의 양이 초깃값의 반으로 줄어든다. 이렇게 반으로 줄어드는 시간을 반감기(half-life)라고 부르고, 반감기는 방사성 물질마다 다르다. 라듐(Ra^{226})의 반감기는 1600년이고, 방사능 연대 측정에 쓰이는 방사성 탄소(C^{14})의 경우는 그 값이 5730년이나 된다.

어느 과학자가 방사성 물질의 붕괴에 대한 실험을 한다고 하자. 미소 시간(dt) 동안에 일어나는 방사성 물질의 변화량(dy), 즉 방사성 물질의 '변화율(dy/dt)'이, 물질의 양 y에 비례하고 비례 상수가 γ라는 사실을 그가 실험에서 알았다면 이 현상을 아래와 같이 3단계를 거쳐서 모델링을 할 수 있을 것이다. 어렵게 느껴지는 경우 아래 모델링 과정을 건너뛰어도 무방하다.

① 우선 위 현상으로부터 다음 식(1차 미분 방정식)을 얻을 수 있다.

$$dy/dt = -\gamma y,$$

위 식에서 y는 시간(t)에 따라서 변하는 방사성 물질의 양을 나타내는 함수($y(t)$)이다. 그리고 좌변 dy/dt는 방사성 물질의 '변화율'을 뜻하고, 우변에서 마이너스(−) 기호는 감소를 의미하기 때문에, 위 식은 방사성 물질의 양의 변화율이 시간에 따라서 그 양

(y)과 상수(γ)의 곱에 비례해서 점점 더 감소한다는 것을 말한다. 위 식을 간단히 정리하면 아래와 같다.

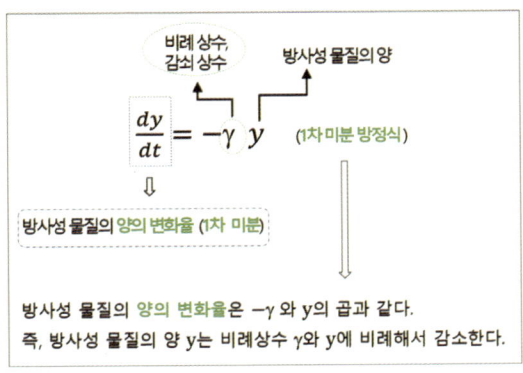

② 위 식을 풀면 해는 아래와 같이 주어진다.[7]

$$y(t) = y_0 \, e^{-\gamma t},$$

③ 위의 해로부터 우리는 방사성 물질의 붕괴가 어떻게 일어나는지 정확하게 설명할 수 있다. 즉, 방사성 물질의 양은 초기에 y_0이던 것이 시간이 지남에 따라서 지수적으로 감소하여, 방사성 물질의 반감기만큼의 시간이 지나면 물질의 양이 반으로 줄어든다. 이러한 현상을 이용하여 화석의 연대를 측정하는 방법이 '방사성탄소 연대 측정법(radiocarbon dating)'이다.

자유 낙하 운동

'수학적 모델링'의 다른 예를 살펴보자.

지상에서 발사한 위성체가 갑작스러운 엔진 고장으로 지구로 낙하하는 것을 관측하고 과학자들이 위성 관제 센터에서 추락하는 속도를 측정했다. 이때 위성체의 추락 속도(dy/dt), 즉 위성의 위치의 '변화율'은 시간(t)에 비례해서 증가했고, 비례 상수는 예상대로 지구의 중력 가속도 g라는 것이 확인되었다. 이 경우에도 아래와 같이 3단계를 거쳐서 모델링을 하면 초기 위치로부터 떨어지고 있는 위성체의 위치 $y(t)$를 실시간으로 추적해 볼 수 있다. 만일 위성체가 추락하는 동안 공기로부터 어떠한 저항도 받지 않는다고 가정하면

① 위 관측 결과로부터 미분 방정식, $dy/dt = gt$를 얻을 수 있다.

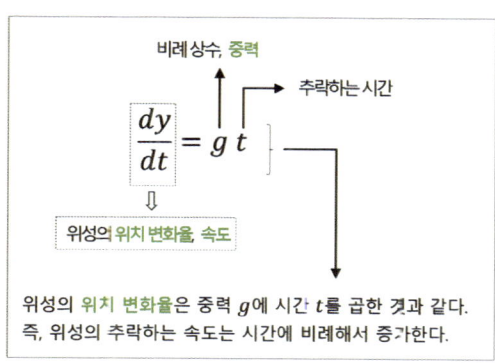

위 식에서 좌변은 위성의 위치 변화율, 즉 속도(dy/dt)이고, 우변은 중력($g = 9.8m/s^2$)에 시간 t를 곱한 것과 같다.

② 위 식을 풀면 해는 아래와 같이 주어진다.[8]

$$y(t) = g\,t^2/2.$$

③ 위 해로부터, 위성체가 자유 낙하 운동하면서 시간의 제곱에 비례해서 빠르게 추락한다는 것을 알 수 있다. 따라서 물체의 추락 시간과 초기의 위치를 알면 추락한 거리와 추락하고 있는 위치를 정확히 예측할 수 있다.

빛의 세기의 변화율

광학 분야에서도 '수학적 모델링' 기법을 적용할 수 있다. x-방향으로 진행하는 빛을 예로 들어보자. 빛이 어떤 매질을 통과해서 나올 때, 매질에 처음 입사할 때의 빛(의 세기, 강도)보다 빛이 약해져서 나온다. 그 이유는 빛이 매질 안에서 일부가 흡수되어 사라지기 때문이다. 물론 흡수되는 양은 빛이 통과하는 매질의 감쇠 상수, 흡수 물질의 농도 등에 따라 다르다. 여기서는 매질이 균일하다고 가정하고 빛이 매질 안에서 미소 거리 dx만큼 진행할 때 빛(의 세기) $I(x)$의 변화율(dI/dx)이 그 세기에 비례해서 감소하는 현상을 바탕으로,[9] 수학적 모델링을 해보려고 한다. 물론 앞에서 살펴본 예들처럼 여기서도 3단계를 거쳐서 수학적 모델링을 할 수 있다. 이를 통해서 빛의 세기가 매질 안에서 어떻게 변하는지를 알아보자.

① 위에서 설명한 광학적인 현상에서 빛의 세기가 그 세기에 비례해서 감소하고 비례 상수가 α라고 하면, 미분 방정식 $dI/dx = -\alpha I$를 얻을 수 있다.

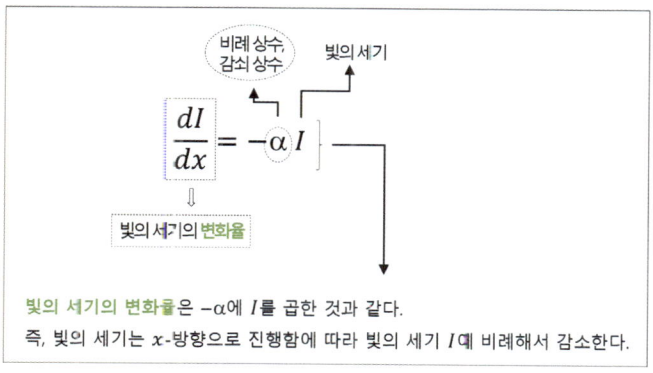

② 위 식을 풀면 해가 $I(x) = I_0 \, e^{-\alpha x}$와 같이 주어진다. 여기서 I_0는 매질 입구에서의 빛의 세기이고 α는 매질의 감쇠 상수이다.

③ 따라서, 위 해로부터 빛이 매질 안을 진행하면서 그 세기가 지수적으로 감소하리라는 것을 알 수 있다. 만일 α 값이 크면 클수록 감쇠 정도는 더 커질 것이고, 매질 안에

서의 빛의 진행 거리 x가 길면 길수록 빛의 세기는 더 많이 감소할 것이다.

코로나바이러스 대유행

요즘 다소 수그러들었으나 아직도 전 세계를 불안에 떨게 하는 것이 있다. 그것은 다름 아닌 코로나바이러스 감염증(COVID-19)이다. COVID-19는 2019년 12월에 중국 우한에서 처음 보고되었다. 그 후 1년도 되지 않아 전 세계 6천만 명 이상이 코로나바이러스에 감염되어 많은 사람이 사망하였고, 3년이 지났는데도 아직도 새로운 변종 코로나바이러스의 출현으로 감염자와 사망자 수가 계속해서 늘어나고 있다.

COVID-19는 주로 감염자와의 밀접한 접촉으로 전파된다. 예를 들어서 감염자가 기침하거나 말할 때 나오는 침방울을 흡입하거나 그것에 오염된 물건을 만졌을 때 감염되는 것으로 알려져 있다. 따라서, 코로나바이러스의 감염을 예방하려면 손 씻기, 마스크 쓰기 그리고 대중이 모이는 곳은 되도록 피하는 사회적 거리 두기를 생활화하라고 권고하고 있다.

코로나바이러스 감염증-19가 처음 보고된 이후, 이 바이러스의 전염력이 심각해서 안이하게 대처하면 대유행이 될지 모른다는 우려를 하면서 모든 국가가 감염 방지를 위해 최선을 다한 것은 아니었다. 마스크 쓰기와 사회적 거리 두기 등을 철저히 실천

한 일부 국가들의 경우는 미리 철저히 대비해서, 감염자 수가 처음에는 폭증하다가 잦아들었던 반면에, 그렇지 못한 국가들에서는 감염자 수가 지속하서 폭증하는 안타까운 상황에 이르기까지 했다. 감염자 수가 초기에 폭발적으로 증가하는 것을 성공적으로 제어했던 국가들조차도 감염률 증가 추세가 주춤하자 사회적 거리 두기 등의 억지책을 완화하면서 나중에는 다시 감염자 수가 폭발적으로 증가하기도 했다.

 이렇게 감염자가 처음 발생한 후에 초기에는 폭발적으로 늘어나다가 외부에서 억지책을 쓰게 되면 감염자 수가 주춤하거나 줄어들게 된다. 이러한 코로나바이러스 확산 현상을 수학적 모델링으로 설명할 수 있을까? 물론 '수학적 모델링'으로 확산 추세를 예측할 수 있다.

 만일 공간이 무한히 넓고 먹이도 풍부한 무인도에 토끼 한 쌍을 풀어놓는다면 어떠한 일이 벌어질까? 그 섬에 포식자도 없고 먹이가 풍부하다면 개체수의 증가율(growth rate)이 개체수에 비례해서 처음에는 증가하여 개체수가 폭발적으로 늘어날 것이다. 그러나 현실에서는 포식자도 있을 것이고 또한 개체수가 많이 늘어나면 먹이도 그만큼 줄어들기 때문에 개체수가 어느 값에 이르면 더 이상 증가하지 않는다. 이러한 현상을 쉽게 설명한 수학적 모델링이 로지스틱 방정식이다.[10]

 로지스틱 방정식은 원래 벨기에 수학자 버헐스트가 인구 증가를 설명하기 위해서 고안했지만, 동식물의 개체수가 어떻게 변화하는지를 연구하기 위해서 생태학 분야에서 많이 사용해 오고 있다. 그러면 여기서, 지금 유행하고 있는 코로나바이러스의 확산 현상을 로지스틱 방정식으로 잠깐 간단히 설명해 보도록 하자.

COVID-19는 처음 보고된 이후에 감염자 증가 추세가 폭발적으로 증가했다. 이것은 앞에서 토끼가 개체수에 비례해서 초기에 폭증한 것과 같이 감염자의 증가율이 감염자 수에 비례했기 때문이다. 그 뒤로 일부 국가에서 감염자의 증가 추세가 꺾이거나 주춤했는데 그 이유는 해당 국가에서 강력한 억지책을 가동함으로써 감염자의 증가율을 감소시켰기 때문이다. 세계보건기구(WHO)에서 권고하는 억지책으로는 사회적 거리 두기, 손 씻기, 마스크 쓰기 등이 있다.

여기서, 우선 요즘 논란이 되는 바이러스 감염자의 확산 문제를 수학적 모델링을 통해서 그 기본 개념을 간단히 설명해 보려고 한다. 어렵게 느껴지는 경우 아래 모델링 과정을 건너뛰어도 무방하다.

① 앞에서 언급한 COVID-19 감염자 수의 변화율(dp/dt, p')이 초기에는 감염자 수(p)에 비례해서 증가하고, 감염자 수가 많이 늘어나면서부터는 감염자 수의 제곱에 비례해서 감소한다고 가정하면 로지스틱 방정식과 비슷한 아래 식이 된다.[11]

$$dp/dt = Ap - Bp^2,$$

여기서 좌변은 감염자 수의 변화율을 말하고, 우변은 감염자 수를 증가시키는 첫 번째 항과 억제하는 두 번째 항의 합으로 되어 있다. 그리고 상수 A와 B는 각 항의 비례 상수들이다. 따라서 A가 크면 클수록 감염자 수의 변화율이 A에 비례해서 더 증가하고, B가 크면 클수록 B에 비례해서 감염자 수의 변화율이 더 감소한다. 또한 위 식으로부터 감염자 수가 적은 감염 초기에는 감염자의 증가율이 감염자 수에 비례해서 폭발적으로 증가하다가, 감염자 수가 늘어나면 감염자 수의 제곱에 비례해서 증가율이 억제된다는 것을 알 수 있다.

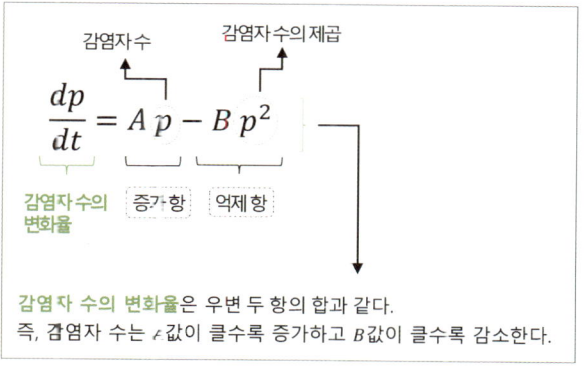

② 위 식을 풀면 해는 아래와 같이 주어진다.[12]

$$p(t) = \frac{1}{ce^{-At} + B/A}$$, 여기서 c는 초기 조건에 따라서 결정되는 값이다.

③ 위 해로부터, 만일 감염자 수의 증가를 억제하지 않고 그냥 방치하면($B=0$) 감염자 수가 지수적으로 증가하나, 마스크 쓰기, 손 씻기 등을 통해서 억제하면($B \neq 0$), 시간이 충분히 지나서 분모에 있는 첫 번째 항이 제로가 되기 때문에 감염자 수가 일정치 A/B에 수렴하게 된다.

아래 시, 「바이러스」는 로지스틱 방정식으로부터 영감을 얻은 시이다. 시에 나타난 식이 로지스틱 방정식과 수식은 비슷하지만, 그 안에 담긴 시 문장은 다르다. 따라서 시를 읽기 위해서는 독자의 상상력이 요구된다.

미쳐 날뛰는 승냥이처럼 마구 물었다
감염자 증가 추세는 인간의 탐욕을 닮았다

초여름, 백로 한 쌍
호수 위로 눈송이같이 내려앉는 날

감염자 수와 인간의 탐욕 사이에서 서성이다가
어느 수학자의 시 한 편을 꺼내 읽는다

$$y' = Ay - By^2$$

감염자 y를 놓고 A와 B가 벌이는 서사시

감염자 증가율 y'은 처음에는 멈추지 않았다
A는 y와 더불어 증가율에 협력한다

A는 마스크 안 쓰고 왕성히 활동하기
A는 인간의 무절제와 탐욕
A는 콜럼버스가 신대륙에 도착했을 때 최대였다

어느 시점에 인간은 회개로부터 지혜를 얻는다
B는 증가율에 대항하여 y^2으로 맞선다
B는 마스크 쓰기, 사회적 거리 두기, 비타민 섭취하기
B는 절제와 사랑
B는 백신이 나오면 최대가 된다

감염자와 비감염자의 숨바꼭질 속에서
A와 B의 협상은 이어지고, 변종이 나오고

- 「바이러스」 부분, 『라마누잔의 별 헤는 밤』

지금까지 몇 가지 현상들을 방정식(1차 미분 방정식)의 문제로 간단히 모델링을 해 보았다. 우리 주변에 있는 수많은 문제들도 이와 비슷한 방법으로 접근할 때 누구든지 수학자가 되고 과학자가 될 수 있으며, 공학자의 창의력은 더욱 빛날 것이고, 철학자나 시

인의 사고는 더욱더 심오하게 깊어질 것이다.

그대는 지금 당신 주변의 복잡한 문제들을 '수학적 모델링'을 통해서 접근해 보려고 하고 있는가? 만일 지금부터라도 그렇게 할 수 있다면 당신의 미래는 틀림없이 노벨상이나 필즈상처럼 빛나게 될 것이다.

6장 생활 속의 숨은 지배자

'만물은 미분 방정식으로 통한다.'

만물은 끊임없이 변화한다.
변화하는 모든 것은 미분(변화율)으로 수식화할 수 있다
따라서 만물을 미분 방정식으로 나타낼 수 있다.

지금까지 앞에서 살펴본 예들처럼 우리는 주변의 수많은 자연 현상과 물리적·공학적인 문제들을 수식으로 설명할 수 있다. 이 말은 다시 말해서 숱한 방정식들이 우리 삶에 깊이 관여하고 있다는 의미이다. 아니 그들이 우리 삶을 지배하고 있다고 해도 과언이 아니다. 특히, 2차 미분 방정식 없이는 공학이나 물리 문제를 명쾌하게 얘기할 수가 없다. 이번 장에서는 지금 세상을 움직이고 있는 대표적인 2차 미분 방정식에는 어떤 것들이 있고, 이 방정식들이 실제로 세상에서 어떻게 활용되고 있는지 살펴보고

자 한다. 그리고 중간중간에 우리 삶을 미분 방정식으로 잠깐씩 생각해 보는 시간도 가질 것이다.

6.1 기계적 시스템 속의 미분 방정식

세상은 움직이는 것들로 가득하다.
그것이 원자 속에 있는 전자이든, 땅 위에서 움직이는 물체이든, 직장 상사에게 속박된 채로 떨고 있는 회사원이든 모두가 운동한다. 그들이 운동한다는 것은 한곳에 정체해 있지 않고 시간에 따라서 계속해서 그들의 위치가, 모습이, 상태가 변화한다는 것이다. 그렇다면 여기서도 앞 절에서 한 것처럼 미분 방정식을 찾아내서 그 해를 구해야 그들의 운동 특성을 알 수 있을까? 물론 그렇다고 말할 수 있다. 즉, 그들의 시스템에 힘이 작용하게 되면, 가속도 운동이 시작되고 '가속도'는 '2차 미분'을 의미하기 때문에, 그들의 운동 특성을 제대로 이해하기 위해서는 '2차 미분 방정식'을 풀어야 한다. 다음 몇 가지 시스템의 예들을 들여다보면서 좀 더 자세히 논의해 보자.

원자 시스템

빛과 매질과의 상호 작용을 고전역학적으로 설명하기 위해서 과학자들은 원자를 하나의 단순 조화 진동자(simple harmonic oscillator)로 가정한다. 이 모델은 원자의 중심에 양전하를 갖는 원자핵이 있고 여기에 음전하를 갖는 전자 하나가 매달려서 아래위로 진동한다고 보는 아주 단순한 모델(그림 6)이다.

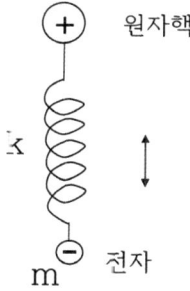

그림 6. 원자의 단순 진동자 모델 (m=전자의 질량, k=용수철 상수)

우리는 모든 물질이 수많은 원자로 구성되어 있다는 것을 알고 있다. 실제로 기체를 제외한 거의 모든 물질에서는 원자들은 단순 진동자처럼 독립적으로 존재하지 않고 주변에 있는 원자나 분자들과 복잡하게 연결되어 있다. 그리고 미시세계, 즉 원자에서의 전자의 상태를 알려면 양자역학에서의 필수 도구인 슈뢰딩거 방정식(Schrödinger equation)을 풀어야 한다.[1] 그럼에도 불구하고

고전역학에 기반한, 이 단순한 모델은 빛의 흡수, 분산, 편광 등 다양한 현상을 잘 설명해 준다.[2]

위의 진동자 모델은 고정된 원자핵(+)에 용수철이 부착되어 있고 그 끝에 전자(-)가 매달려서 상하로 진동하는 단순 조화 진동자 모델이다. 여기서 m은 전자의 질량이고, k는 용수철 상수로서 그 값이 클수록 전자가 원자핵의 인력으로 인해서 더 단단히 구속되어 있다는 것을 의미한다. 따라서 외력(외부의 힘)으로 전자나 원자핵이 원래의 위치로부터 일시적인 변형이 일어나도 복원력이 발생하여 원상으로 복구된다. 만일 외력이 지속해서 가해지는 경우, 위 원자의 진동자는 그것에 반응하여 계속 진동한다.

건축물과 교량

앞에서는 아주 작아서 볼 수 없는 미시적인 시스템인 원자를 기계적인 질량-스프링 시스템(mass-spring system)으로 취급했다. 그럼 우리가 직접 눈으로 볼 수 있는 건축물이나 교량은 어떠한가? 물론 이것들도 질량-스프링 시스템으로 볼 수 있다.

여러 층으로 이루어진 현대식 건축물의 경우를 예로 들어보자. 우선 건축물에서 주요 뼈대만을 남기고 창문이나 가구를 제거하면 아래층의 하중이 기둥을 통해서 위에 매달려 있는 것으로 간단히 가정할 수 있다. 이때 전체 기둥의 강성(hardness)을 k값을 갖는 용수철로 표시하고, 각 층의 바닥 전체의 질량을 m이라고 하면 위의 건축물을 질량-스프링 시스템으로 간단히 시뮬레이션을 할 수 있다. 건축물의 단순 진동자 모델은 미주에 도식되어 있으니 참고하기를 바란다.[3]

지금까지 미시적인 원자 시스템뿐만 아니라 건축물과 같은 거시적인 시스템들이 어떻게 조화 진동자로 간략화될 수 있는지 대략 살펴보았다. 그렇다면 이들 질량-스프링 진동자 시스템에 외력을 가하면 스프링에 매달려 있는 물체는 어떤 운동을 할까? 이것을 알려면 수학적 모델링을 통해서 우선 단순 조화 진동자에 대한 미분 방정식을 구하고 그 식을 풀어야 한다. 참고로 자세한 것을 알고 싶은 독자들을 위해서 미분 방정식을 구하는 방법을 미주에 비치하여 놓았다.

단순 조화 진동자(simple harmonic oscillator model)

수학적 모델링을 통해서, 먼저 단순 진동자에 대한 미분 방정식을 유도해 보자. 흔히 단순 진동자 모델에는 그림 7(a)처럼 천장에 붙어 있는 스프링의 한쪽 끝에 질량이 m인 물체가 수직으로 매달려 있다. 만일 정지해 있는 이 물체를 아래로 잡아당긴 후에 놓으면 그림 7(b)처럼 물체의 위치(y)가 시간(t)에 따라서 아래위로 오르락내리락 운동한다. 이때 물체의 위치가 시간에 따라서 어떻게 변하는지를 잘 이해하려면 먼저 물체의 위치에 대한 미분 방정식을 구해야 한다. 일단 여기서는 운동하는 동안 공기와의 마찰을 무시하고, 간단히 복원력[4] F_1만이 물체의 운동에 영향을 미친다는 가정하에, 일련의 과정을 거치면[5] 이 물체의 위치 (또는 변위) y에 대한 2차 미분 방정식을 얻을 수 있다.

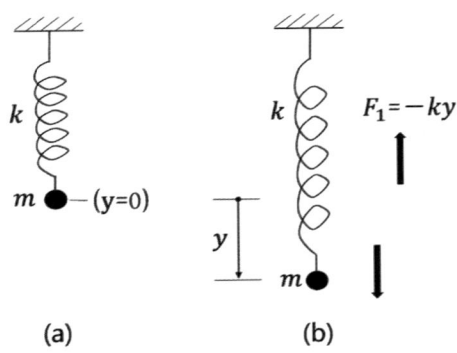

그림 7. 단순 조화 진동자 모델 (m =물체의 질량, k =용수철 상수) (a) 정지해 있을 때,[*] (b) 운동하고 있을 때. 물체가 정지 상태에서 y 만큼 아래 방향으로 변형이 일어나면 복원력 F_1은 위 방향을 향한다.

$$m\frac{d^2y}{dt^2} + ky = 0 \quad (1)$$

여기서 우리가 주목해야 할 것은 바로 모델링을 통해서 2차 미분 방정식을 얻을 수 있고, 그 식으로부터 해를 구하면 물체의 위치 $y(t)$가 시간에 따라서 어떻게 변화하는지, 즉 진동자가 어

---

[*] 물체에 가해지는 중력과 이에 반발하는 힘이 서로 균형을 이룬 평형 상태에서 물체는 정지해 있다.

떻게 운동하는지를 알 수 있다는 것이다. 위의 경우처럼 반발력 F_1만 물체의 운동에 관여하는 진동자를 '단순 조화 진동자'(simple harmonic oscillator)라고 부른다.

물론 식 (1)으로부터 초기 위치가 y_0이고 초기 속도가 0인 경우, $y(t) = y_0 \cos(w_0 t)$가 해가 된다는 것을 알 수 있다. 여기서 진동수는 $w_0 = \sqrt{k/m}$이다. 이것은 물체의 운동을 저지하는 마찰력이 없으면 물체는 진폭의 크기가 y_0이고 고유 진동수가[6] $w_0/2\pi$(또는 주기 $T=2\pi/w_0$)인 조화 진동을[7] 끊임없이 지속한다는 의미이다. 여기서 진동수는 초당 진동하는 수를 의미하며 주파수라고도 부른다. 그리고 주기는 진동수의 역수로 한 번 반복하는 데 걸리는 시간을 말한다.

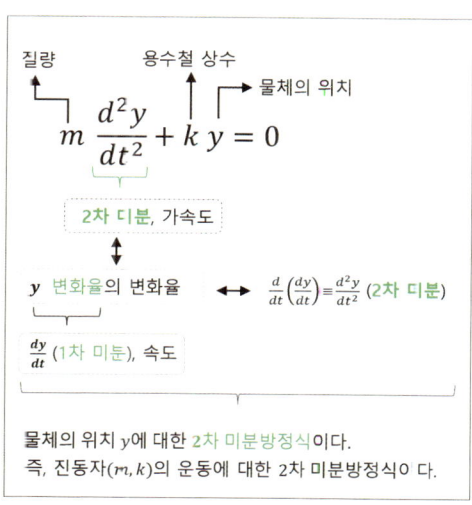

감쇠 진동자

주변 매질과의 마찰을 무시한 '단순 조화 진동자'의 경우와는 달리, 실제로는 진동자가 운동할 때 주변 매질과의 마찰 때문에 방해를 받는다. 예를 들어서 공기 중에서 진동자가 운동할 때 공기와의 마찰로 운동하는 방향과 반대 방향으로 마찰력[8](F_2, friction force)이 작용하는데 이 힘은 물체의 운동을 감쇠시킨다. 마찰력은 진동자가 운동할 때 작더라도 거의 항상 존재하고 물체의 속도 v ($= dy/dt$)에 비례하기 때문에, 반발력 외에도 마찰력 $F_2(=-\gamma\,dy/dt)$가 거의 모든 질량-용수철 시스템에서 물체의 운동에 관여하는 것으로 봐야 한다.[9] 이러한 진동자를 감쇠 조화 진동자(damped harmonic oscillator)라고 하고, 뉴턴의 제2법칙에 따라서 운동 방정식은 식 (1)에 감쇠 항이 하나 더 추가되어 아래 식이 된다.

$$m\frac{d^2y}{dt^2} + \gamma\frac{dy}{dt} + ky = 0 \qquad (2)$$

위 방정식의 해에 대한 자세한 설명은 여기서 생략한다. 다만 그 해 $y(t)$를 통해서 물체의 진동 특성을 간단히 설명하면 다음과 같다.

첫째, 감쇠 상수 $\gamma = 0$ 경우는, 마찰력이 없거나 무시되는 경우를 말한다. 이때는 단순 조화 진동자처럼 진동의 진폭의 크기가 시간이 지나도 줄어들지 않고 계속해서 같은 크기로 진동한다.

우리는 날마다 진동자처럼 진동하면서 생을 이어간다. 언제나 같은 크기의 진폭으로 진동한다는 것은, 삶이 큰 역경 없이 늘 평탄하다는 것을 의미한다. 이때는 우리를 훼방하려는 세력, 즉 마찰력이 거의 존재하지 않으므로 활기차고 순탄한 삶이 오래 지속될 수 있다.

둘째, γ가 큰 경우 (즉 $\gamma^2 > 4mk$)에는, 진동이 오래 지속되지 않고 바로 소멸한다.
우리를 '감쇠 조화 진동자'로 본다면 어느 때가 이 경우가 될까? 삶에 대한 강한 의지와 정신력만으로는 삶을 지속할 수 없을 정도로, 주변 환경이나 몸 상태가 아주 좋지 않은 경우가 이에 해당한다. 치명적인 정신적·육체적 질병이나 큰 사고의 후유증 등으로 삶이 바로 끝나 버릴 수 있다.

셋째, γ가 0보다는 크지만, 충분히 작은 경우 (즉 $\gamma^2 < 4mk$)에는, 진동의 진폭이 처음에는 y_0이지만 시간이 지남에 따라서 그림 8처럼 점차 줄어들다가 충분한 시간이 지나면 진동이 사라진다.
세상을 사는 동안 누구나 갖가지 어렵고 슬픈 일을 겪게 된다. 이때 대부분 사람들은 그러한 환경 속에서도 오르락내리락 진동하면서 생을 이어 간다. 그러나 누구도 노화로 인하여 점차로 활력이 감쇠하는 것은 피할 수 없다. 일반적으로 대부분은 이 경우에 해당한다.

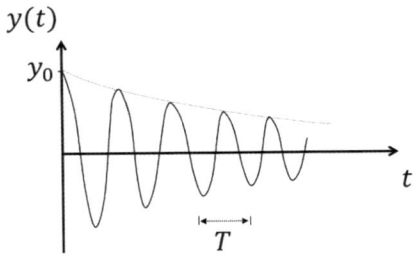

그림 8. 감쇠 조화 진동 ($\gamma \neq 0$, $\gamma^2 < 4mk$)

구동 진동자

지금까지는 외력이 진동자에 전혀 가해지지 않은 경우를 살펴보았다. 그러나 우리 주변에 있는 실제의 진동자들은 대부분이 외부로부터 힘을 받는다. 이렇게 외부로부터 인위적 또는 자연적인 힘의 영향을 받는 진동자를 '구동 진동자'(driving oscillator) 또는 강제 진동자(forced oscillator)라고 한다. 그런데 외부로부터 이 진동자에 힘이 가해지게 되면 진동자는 어떠한 운동을 할까? 물론 이 경우에도 그 진동자의 운동 특성을 알기 위해서는 우선 앞에서 한 것처럼 진동자에 대한 미분 방정식을 찾은 후 그 해를 구하면 된다.

우선 외부로부터 힘 F_{ext}(driving force, 구동력, 외력)이 진동자에 인가된다고 하면, 진동자는 이 외부 구동력에 영향을 받아서 운동할 것이다. 이때 물체에 작용하는 전체 힘 F는 복원력과 마찰력에 이 구동력이 더해져서 $F = F_1 + F_2 + F_{ext}$가 될 것이다. 따라서 만일 외부 구동력의 크기 F_0이고 각주파수(angular frequency)가 w인 조화 함수(harmonic function), $F_{ext} = F_0 \cos wt$라고 가정하면, 이 항이 식 (2)에 추가되어 미분 방정식은 다음과 같이 된다.

$$m\frac{d^2y}{dt^2} + \gamma\frac{dy}{dt} + ky = F_0 \cos wt \quad (5)$$

여기서도, 우리는 앞의 경우들처럼 방정식의 해 $y(t)$를 구할 수 있다. 그리고 그 해로부터 진동자의 운동을 정확하게 예측할 수 있다. 물론 식 (3)이 여러 가지 시스템 파라미터들인 m, γ, k, F_0 그리고 w를 포함하고 있어서 이 값들에 따라서 해는 달라질 것이다. 다시 말해서 진동자의 진동 특성과 궤적이 위의 파라미터 값들에 의존한다. 진동자의 운동 궤적이 무수히 많을 수밖에 없는 이유는 바로 파라미터 값들의 경우의 수가 무한히 많기 때문이다.

거듭 말하지만, 이 책에서의 목적은 해를 정확하게 그하는 것이 아니고 미분 방정식이 우리 삶에 어떻게 관여할 수 있는지 개념적으로나마 알게 하는 데 있다는 것을 다시 한번 기억해 주길 바란다.

회사나 가정에서의 우리의 삶도 어찌 생각하면 '조화 진동자의 운동'으로 볼 수 있다. 이 경우 우리는 기계적 시스템 안에서 진동자에 속박될 채, 운동 방정식에 따라서 운동하는 하나의 물체가 되고, 회사나 가정은 진동하는 기계적 시스템이 될 것이다. 그리고 회사원들은 직장에서 사장이나 직속 상사에 매달려서, 그리고 자녀들은 가정이나 학교에서 부모나 선생님들에게 매달려서 고유의 진동자 운동을 하는 것으로 볼 수 있다.

여기서 주목할 것은 운동할 때 내는 목소리(또는 반응)가 시시각각으로 달라지고 천차만별이라는 것이다. 그 이유는 이미 앞에서 언급했듯이 시스템 파라미터들(m, γ, k, F_0, w)의 경우의 수가 무수히 많기 때문이다.

우리 삶 속에서 파라미터들 m, γ, k는 무엇을 의미할까? 먼저 m은 그가 속해있는 시스템에서 그의 비중이나 영향력 또는 존재감이 클수록 큰 값이 될 수 있고, γ는 주변과의 불협화음이나 마찰이 심할수록 큰 값이 될 것이다. 또한 인간의 적응력이나 응집력 또는 구속력이 강할수록 k값은 크다고 말할 수 있다.

자연 속에 적외선부터 가시광선을 포함하여 자외선까지 다양한 빛이 존재한다는 것은, 우주를 구성하고 있는 물질들이 다양한 주파수, 즉 가지각색의 색깔로 진동하고 있기 때문이다. 이와 비슷한 일이 우리 속에서 날마다 일어나고 있다. 사람들이 그들 고유의 삶 속에서 시시때때로 각자 다른 소리를 내고 있다는 점, 이것도 지금까지 살펴본 진동자들처럼 주변 환경과 고유의 개성에 따라서 각자의 음색으로 진동하려고 하는 한 현상이라고 말할 수 있지 않을까?

공명(resonance)

단순 진동자와는 달리 실제의 구동 진동자 시스템에는 위의 감쇠 진동자에서처럼 운동을 저지하려는 마찰력이 존재한다. 그러나 여기서는 공진(resonance, 또는 공명)의 개념을 쉽게 설명하기 위해서 시스템에 마찰력이 없다고 가정해 보자. 그러면 $\gamma = 0$이기 때문에 진동자에 대한 미분 방정식은 식 (3)으로부터 아래 식과 같이 된다.

$$\frac{d^2y}{dt^2} + w_0^2\, y = \frac{F_0}{m}\cos wt \qquad (4)$$

앞서 언급했듯이 모든 질량-스프링 시스템에는 질량 m과 상수 k에 의해서 결정되는 고유 진동수 w_0(혹은 f_0)가 있다. 이처럼 고유 진동수가 있다는 의미는 시스템이 자체의 고유 특성에 의해서, 작은 변동에도 고유 진동수로 공명할 수 있다는 것을 말한다. 예를 들어서 원자 시스템에서 m은 전자의 무게 ($9.1 \times 10^{-31} kg$)를 말하는데, 이 값은 매우 작으므로 고유 진동수는 매우 높다. 이에 비해서 건축물의 경우는 무게가 무겁기 때문에 고유 진동수는 상대적으로 매우 낮다. 이들 진동자가 w_0로 일단 진동을 시작하면 그것을 저지하지 않는 한 진동은 지속될 것이다.

좀 더 공명에 대해서 자세히 설명해 보자. 우선 외부에서 이 질량-스프링 시스템에 구동력(혹은 구동 신호) $F_{ext} = F_0 \cos wt$를 인

가해 준다고 하자. 이때 구동 신호의 주파수 w가 시스템 자체의 고유 진동수 w_0와 일치하면 어떤 일이 벌어질까?

우선 수학적으로 문제에 접근해 보자. 먼저 외부 구동 신호의 주파수가 시스템의 고유 주파수와 일치하기 때문에 (즉 $w = w_0$이므로) 위 식으로부터 새로운 해를 얻을 수 있다.[10] 그런데 그 해가 $y(t) = bt \sin w_0 t$(여기서, b=상수)로 주어지기 때문에, 이 식으로부터 우리는 진동자의 운동 특성을 예상해 볼 수 있다. 다시 말해서 진동자의 운동 방정식에서 진동의 폭은 시간 t에 비례하기 때문에, 시간이 지남에 따라서 진동 폭이 점점 더 커지리라는 것을 쉽게 짐작할 수 있다. 자세한 것은 미주를 참고하기 바란다.[11]

이처럼 외부로부터 시스템의 공진 주파수와 같은 주파수를 갖는 힘이나 신호가 시스템에 가해지면, 그 시스템이 점점 더 큰 폭으로 진동하는데 이러한 현상을 공명 또는 공진이라고 부른다. 이들 공명과 공진은 의미가 거의 같아서 여러 분야에서 혼용되고 있으나, 소리와 관련되는 분야에서는 '공명'이라고 부르고, 전기나 기계 분야에서는 주로 '공진'이라는 용어를 사용한다.

우리 주변에서 흔히 목격할 수 있는 공명 현상으로는 그네 타기, 소리굽쇠, 유리컵 악기, 전자레인지(microwave oven), 물질에서의 빛의 흡수, 레이저에서의 빛의 공진, 전기회로에서의 공진기, 핵자기공명(nuclear magnetic resonance) 등이 있다.

물질에서의 빛의 흡수

유리가 자외선 영역에서 빛을 흡수하는 것은 무엇 때문일까?

우선 자외선의 빛이 유리에 입사한다고 하자. 이때 빛의 진동수 또는 주파수 ω가 유리의 고유 진동수 ω_0와 일치하게 되면 유리 속 진동자들이 외부의 빛에너지와 공명하면서 에너지들을 강하게 흡수한다. 유리에 자외선 차단용 코팅을 하지 않아도 안경을 쓰게 되면 어느 정도 자외선을 차단할 수 있는 이유가 바로 유리 속에서 자외선 중 일부가 공명 현상을 통해서 흡수되기 때문이다. 그런데 진동자가 외부 빛과 공명하여 일단 진동하면 진동이 영원히 지속될까? 그렇지는 않다. 그 이유는 유리와 같은 고체에서는 원자들이 주변 원자나 분자와 근접해 있어서 서로 상호 작용하는데, 이러한 힘이 마찰력으로 작용하여 진동자의 진동을 감쇠시키기 때문이다.

모든 물질은 원자로 구성되어 있다. 이들 물질과 외부 빛과의 상호 작용을 좀 더 자세히 알려면, 앞에서 기술한 것처럼 원자 시스템을 '구동 조화 진동자'로 간략화한 다음, 외부 빛에 의한 구동력[12] F_{ext}를 포함시켜서 진동자에 대한 운동 방정식을 풀면 된다.

전자레인지

전자레인지에서 음식물을 어떻게 익힐까?

현대인들은 누구나 전자레인지를 사용할 줄 안다. 전자레인지를 이용해서 음식을 데워서 먹거나 음식을 요리하기도 한다. 동작 원리가 무엇이기에 주방에서 필수품이 되었을까? 음식물은 수분을 포함하고 있다. 수분 함량이 종류에 따라서 다르기는 해도 모든 음식물은 물을 포함하고 있다. 물은 화학식으로 H_2O이며, 산소 원자 1개와 수소 원자 2개가 결합하여 물 분자를 이루고 있다. 일단 전자레인지를 가동하면 마그네트론(Magnetron)에서 마이크로파가 방출되어 음식물에 입사한다. 마이크로파가 음식물 속 물 분자에 닿으면 마이크로파의 진동수와 일치하는 고유 진동수에서 물 분자가 크게 회전하면서 진동하는데 이때 많은 열이 발생하면서 음식물이 가열된다. 이렇게 입사파가 물 분자의 고유 진동수와 공명하여 흡수됨으로써 음식물을 요리할 수 있는 전자기기가 전자레인지이다.

그네 타기

누구나 어릴 적 그네를 타 본 경험이 있을 것이다. 물론 필자도 초등학교 때 누가 뒤에서 밀어주는데 그네가 점점 더 하늘로 치솟아 금방이라도 끊어질 것처럼 아찔한 적이 있었다. 아마도 그때 나를 밀었던 사람은 이미 경험을 통해서 공진의 개념을 알고 일부러 나를 놀래주려고 했을 것이다. 그네 타기도 공진의 개념이라고? 그렇다.

그네의 진동수와 미는 사람의 진동수가 일치하면 그네는 작은 힘으로도 높이 띄울 수 있다. 일단 그네와 미는 사람의 호흡이 맞아 주기적으로 그네가 왕복하게 되면, 점점 더 진동 폭이 커져서 그네의 속도를 늦추기 위해서는 그네가 움직이는 방향과 반대 방향으로 마찰력이 필요한 것이다. 따라서 뒤에서 그네를 밀어줄 때 조심해서 밀어 주어야 그네가 끊어지는 사고를 방지할 수 있다. '그네 타기'도 우리 주변에서 흔히 볼 수 있는 '감쇠 조화 진동자'의 한 예라고 말할 수 있다. 다음은 '그네'와 여러 면에서 유사한 현수교인 타코마 다리에 얽힌 이야기이다.

타코마 다리 이야기

공진에 대해 강의하다가 양념으로 늘 꺼내는 이야기가 있다. 바로 미국 워싱턴주에 있는 현수교인 타코마 다리(Tacoma Narrows Bridge)의 붕괴 이야기이다. 현수교는 다리 양쪽 교각에 케이블을 고정시켜 다리 상판을 지지하는 다리를 말한다. 잠깐 여기서 위키피디아를[13] 참고로 타코마 다리와 관련된 이야기를 아래에 소개해 보자. 타코마 다리는 워싱턴 주에 있는 타코마 해협을 가로지르는 현수교로 1940년 7월 처음 건설되었다. 그러나 초강풍에도 견딜 수 있도록 만들었음에도 어이없게 고작 4개월 뒤에 지나가는 바람에 의해서 서서히 진동하다가 다리가 붕괴하였다.

이러한 붕괴 현상을 어떻게 설명할 수 있을까?

이 사건은 그동안 많은 과학자, 공학자 그리고 수학자들의 관심을 받아 왔으며, 아직도 공학과 과학에 지대한 영향을 미치고 있다. 이 다리는 건설할 때부터 바람이 불면 수직 방향으로 교량이 진동했다고 한다. 이러한 이상한 진동은 일반인들에게 다리를 개통한 날에도 감지되어 사람들은 '질주하는 거티(Galloping Gertie)'라고 불렀다. 그러나 몇 달 후인 1940년 11월 7일, 겨우 시속 40마일의 바람으로 다리 상판이 좌우로 뒤틀리는 비틀림 진동(torsional vibration)을[14] 시작하다가 점점 더 강해져서 결국 다리가 완전히 붕괴하였다.

이러한 타코마 다리의 붕괴를 지금까지 많은 교과서에서는 외부 강제 진동의 한 예로 설명하고 있다. 이 다리의 붕괴가 외부에서 부는 바람의 진동수와 다리의 고유 진동수가 일치함으로써 생기는 공명이나 일종의 강제 진동(forced oscillation, 구동 진동) 현상과 관련이 있는 것으로 보고 있다. 다른 붕괴의 원인으로는 공탄성적 흔들림(aeroelastic flutter)을 거론하기도 한다.[15] 다행히도 타코마 다리의 붕괴 사건 이후로 건설되는 다리에는 이러한 붕괴 원인을 없애는 보완책이 적용되었다. 지금 운용되고 있는 타코마 다리는 1950년 10월에 새로 개통한 다리이다.

공명 현상에 의해서 다리가 무너진 역사적인 사건은 이전에도 또 있었다. 영국 맨체스터에 있는 브루톤 다리(Broughton Bridge)는 현수교로 1826년에 건설되었다.[16] 하지만 1831년 4월 12일 군인들이 일제히 발을 맞춰 다리를 건너다가 공명이 일어나 붕괴한 것으로 알려졌다. 이러한 사건이 있고 난 뒤에 영국 육군은 군인들에게 다리를 건널 때 발을 맞추지 말라고 명령했다고 한다.

지금까지 몇 가지 공진 현상의 예를 살펴보았는데, 특히 기계적으로 공명이 일어나는 경우는 사고와 관련된 것들이었다. 그러나 공명이 항상 해로운 것만은 아니다. 우리에게 유익한 공명들도 있다. 광학적인 공명을 기반으로 동작하는 반도체 레이저와 전기적인 공명을 이용하는 오실레이터(oscillator, 발진기)가 좋은 예들이다. 이 소자들은 통신 장비에서 반드시 필요한 핵심 부품들에 속한다.
아래는 시 「타코마 파동」의 전문이다.

줄 하나에 자식이 매달려 있다
구순 노모와 병든 아내의 무게가 더해져서 느려진다

속도에 비례하는 힘이 누굴 부르자
후크가 주위에 있는 애들과 함께 빌라로 몰려든다

불을 켜고 빌라 골목에 들이닥친 경찰차
뜰과 옥상 사이에서 오락가락하던 상념들이 탐조등을 비춘다
누군가가 실려 가야 한다고
분양을 알리는 풍선이 목에 줄을 맨 채 방방 뛴다

백수 아들은 애비에 붙어 수시로 진동하는데

아내는 남편과 아들 사이에서
꺼져가는 분자의 회전운동처럼 시나브로 울기만 한다

경찰차가 검정색 점퍼 차림의 남자를 태우고 간다

정초부터 빌라 골목에 부는 바람이
타코마 다리에 불었던 바람보다 더 간사하고 집요하다

핵 안개 속에서 외부에서 부는 사소한 바람에도
주파수 $\omega_0 = \sqrt{k/m}$ 로 공진할까 봐
아버지들이 전전긍긍한다

— 「타코마 파동」 전문, 『아담의 시간여행』

6.2 전기적 시스템 속의 미분 방정식

전기가 도선을 따라 흐르듯 우리도 인생길을 따라 흘러간다.

세상은 흘러가는 것들로 가득하다. 물이 수로를 따라서 흘러가기도 하고, 돈이 은행에 비축되어 있다가 필요한 고객이나 사업 투자를 계획하고 있는 기업체로 흘러간다. 도시가스는 배관을 따라 흘러 각 가정까지 공급된 후 난방이나 요리하는 데 이용된다.

혈관을 통해서 흐르는 피들은 몸속 곳곳에 영양분과 산소를 공급한다.

전기도 마찬가지로 한 곳에만 있지 않고 흐른다. 모든 전자기기에는 전기가 흐를 수 있는 도선이 있고 이것을 통해서 전기가 흘러간다.

위에 언급된 시스템들 외에도 우리 주변에는 비슷한 순환 시스템들이 많이 있다. 이들 시스템이 잘 관리되고 유지되기 위해서는 순환 시스템에 대한 철저한 이해가 필요하다. 좀 더 구체적으로 말해서 유체의 흐름을 잘 이해하려면 유량의 변화를 수식으로 나타내서 풀어야 하고, 전자기기의 동작을 잘 이해하려면 전기의 흐름을 미분 방정식으로 나타내서 그 식을 풀거야 한다. 심지어 경제 사회에서의 돈의 흐름이나 심지어 인체의 혈류 문제를 다룰 때도 종종 수학적으로 접근해 보면 어떨까?

여기서는 전기회로의 문제를 예로 들어서 이러한 문제들을 어떻게 수학적으로 접근할 수 있는지 살펴보도록 하겠다.

1차 미분 방정식의 탄생

전기회로는 전기* 또는 전류가 흐를 수 있도록 도선을 다양한 소자와 연결해서 만든 회로를 말한다. 회로에 어느 소자가 어떠한 구조로 연결되어 있느냐에 따라서 회로의 특성이 크게 달라진

---

* 여기서 '전기가 흐른다'라는 의미는 '전류가 흐른다'라는 말과 같다.

다. 회로를 구성하는 주요 수동 소자로는 저항(resistor, 저항기), 콘덴서(커패시터, 혹은 축전기) 그리고 인덕터(inductor, 유도자)가 있다. 전류는 회로에서 이 소자들을 거치면서 그 양이 시간에 따라서 변화한다.

이때 전류의 변화율이 '미분'이고, 이것을 수식으로 나타낸 것이 전류에 대한 '미분 방정식'이 된다. 여기에서도 전기회로를 정확히 이해하기 위해서는 우선 이 방정식의 해를 풀어야 한다. 전기회로에 대한 '미분 방정식'의 이야기를 시작하기 전에 먼저 저항, 콘덴서, 인덕터가 무엇인지에 대해서 간단히 알아보자.

저항이란 무엇인가? 저항은 전기회로에서 전류의[17] 흐름을 제한하거나 조절하는 역할을 한다. 만일 회로에 저항이 있다면 어떤 일이 벌어질까? 우선 전류가 회로를 따라 흐르다가 저항이 있는 곳에서 열이 발생한다. 이때 저항값(R, resistance)에 비례해서 전력이 소모되고[18] 따라서 회로에 흐르는 전류의 양도 점차 줄어들다가 외부에서 전류를 공급해 주지 않는 한 전류의 흐름은 멈추게 될 것이다.

그러나 만일 회로에 저항 성분이 전혀 없다면 어떻게 될까? 회로에서 전력 소모가 일어나지 않으므로 계속해서 전류가 흐를 것이다. 그러나 회로에는 아주 작지만, 어느 정도는 저항이 있어서, 물이 수로를 따라서 흐르다가 조금씩 누수되는 것과 같이, 도선에서도 조금씩 전력 소모가 일어난다.

여기서 한 가지 기억해 둘 것은 질량-스프링 시스템에서 마찰

(damping)이 물체의 운동을 방해하듯이 저항이 전류의 흐름을 방해한다는 것이다. 그러나 저항이 항상 부정적인 소자인 것만은 아니다. 예를 들어서 어둠을 밝히는 백열등이나 열에너지를 방출하는 전기 히터는 전기가 열과 빛으로 소모되는 저항의 원리를 이용한 기기들이다.

저항-콘덴서 회로

저항 외에도 회로에서 많이 쓰이는 소자로 콘덴서(커패시터)가 있다. 가장 기본적인 콘덴서로는 두 개의 금속판 사이에 절연체인 유전 물질을 채워 넣어서 만든 평판 콘덴서가 있으며 동작 원리는 다음과 같다. 우선 외부 도선을 통해서 콘덴서에 전류가 공급되면, 이때 전하가 콘덴서에 유입되면서 두 판 사이에 에너지가 전압으로 저장된다.[19] 이것은 수로를 따라서 흐르던 물이 저수지에 유입되면서 최대 저수 용량까지 수위(potential energy, 위치에너지, V)가 차는 것과 같다. 이렇게 전기를 충전하는 소자를 콘덴서라고 부르고, 콘덴서의 용량(capacitance, 커패시턴스, C)이 크면 클수록 더 많은 전하를 저장할 수 있다. 콘덴서는 전기를 충전하기도 하지만 방전하기도 한다.

가장 기본적인 회로 중 하나로 저항(R)과 콘덴서(C)가 직렬로 연결된 저항-콘덴서(RC) 회로가 있다.[20] 이 회로는 주파수 필터링,[21] 주파수 발생기, 전압 안정화, 타이밍 회로 등 여러 분야에 많이 응용되고 있다.

이 회로를 이해하기 위해서도 앞서 기계적 시스템에서 사용했던 수학적인 접근 방법이 필요하다. 다시 말해서 수학적 모델링을 통해서 미분 방정식을 구하는 것이다. 먼저 위 회로 시스템에 흐르는 전류를 $i(t)$라고 하고, 회로에 키르히호프 법칙을[22] 적용하면 아래 방정식을 얻을 수 있다.

$$\frac{dV(t)}{dt} + \frac{1}{RC} V(t) = \frac{1}{RC} V_s(t) \quad (5)$$

위 식은 회로에 전압 $V_s(t)$를 인가했을 때 출력단에 걸리는 전압 $V(t)$에 대한 1차 미분 방정식이다. 이 식을 풀면 전압 $V(t)$은 물론이거니와, 전류 $i(t)$와 전하 $q(t)$가 시간에 따라서 어떻게 변하는지도 알 수 있다.

아주 간단한 경우를 예로 들어 보자. 만일 어느 순간($t=0$), 전원 공급을 중지하면 어떤 일이 벌어질까? 이 경우 전원 공급이 더 이상 되지 않기 때문에 콘덴서에 충전된 전기는 방전되기 시작하고, 출력단의 전압은 $V(t) = V_0 e^{-t/RC}$가 될 것이다. 이것은 충전된 전압 V_0가 시간이 지남에 따라 지수적으로 감소하다가 완전히 방전되는데, 그 방전 지속 시간이 시정수(time constant, RC) 값에 달려있다는 것을 의미한다. 즉 RC 값이 크면 클수록 방전 시간이 길어진다. 전류와 전하도 비슷한 방전 특성을 갖는다.[23]

우리 삶 속에서 '저항'은 무엇에 비유될까?

매 순간 우리는 전기회로의 전류처럼 주어진 길을 따라 흘러가면서 에너지가 점점 더 고갈된다. 그 길이 바른 인생길, 누구나 거쳐야 하는 길이고 세월이 지나면서 기운이 쇠하고 온갖 고통에 시달리는 것은 그 길 위에서 '저항'(resistor)을 만났기 때문이다. 이때 '저항'은 자연적으로 찾아오는 질병을 포함하여 갑작스러운 사고나 정신적인 스트레스 등이 아니겠는가?

우리 인생에도 축전기(콘덴서, 커패시티)와 같은 것이 있을까?
아직 실온에서 저항이 없는 초전도 회로는 없으므로 모든 전기회로에서는 전기 에너지가 열로 조금씩 소모된다. 우리 몸(영과 육을 포함하는)도 인생길을 걷다가 부딪치는 갖가지 어려움으로 에너지가 소진되어 삶이 막막할 때가 가끔 있다. 그런 경우 외부로부터 정신적인 위로나 영양을 공급받아 기력이 회복되고 에너지가 충전될 수 있다면, 그것이 축전기가 아니겠는가?
지금, 나에게 무엇이 축전기에 해당하는지, 그리고 나의 저항-콘덴서 회로는 무사한지 한번 곱씹어 보면 어떨까?

저항-인덕터 회로

인덕터(inductor)는 코통 동선을 코일의 형태로 감아서 만든 수동 소자이다. 전류가 인덕터에 흐르면 패러데이 법칙에 따라서 기전력이 생긴다.[24] 다시 말해서 인덕터에 흐르는 전류가 변하면 그것을 저지하려는 방향으로 변화량(di/dt)에 비례해서 양단에 전압(기전력, $V(t)$)이 발생한다. 여기서 전압은 $V(t) = L(di/dt)$와 같으며, 비례상수 L이 인덕턴스이다.

이러한 특성 때문에 인덕터는 급작스러운 스파이크 전류나 고주파 전류를 차단함으로써 시스템을 보호할 목적으로 흔히 사용된다. 그 밖에도 에너지를 저장하거나 커패시터와 함께 특정한 주파수에서 공진하는 회로를 만드는 데 쓰인다.

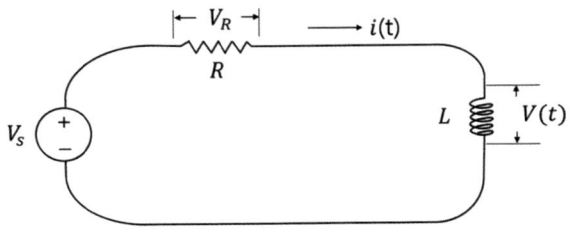

그림 9. 저항-인덕터 회로

저항-인덕터(RL) 회로는 그림 9와 같이 저항(R)과 인덕터(L)로 구성되어 있다. 전기회로에서 저항과 인덕턴스는 질량-스프링 시스템에서 각각 감쇠 상수와 질량에 해당한다. 그렇다면 앞에서 언급한 것처럼 '저항'이 우리의 에너지를 소모시키는 시련이라면, '인덕터'는 삶의 기복이 심하게 요동칠 때, 그것을 누그러뜨려서 평탄한 삶을 살게 해주는 인내와 사랑 같은 어떤 묵직한 '지혜'가 아니겠는가?

물론 이 회로를 이해하기 위해서도, 키르히호프 법칙을 기반으로 하는 수학적 모델링을 통해서, 미분 방정식을 얻어야 한다.[25] 이렇게 탄생한 방정식이 저항-인덕터 회로에 대한 1차 미분 방정식이다. 이 회로에 초기 전류가 흐르지 않는다($i(0)=0$)고 가정하고 미분 방정식을 풀면 해가 구해지고,[26] 이 해로부터 회로에 흐르는 전류가 시간에 따라서 어떻게 달라지는지를 알 수 있다.

구스타프 키르히호프
(Gustav Robert Kirchhof)

2차 미분 방정식의 탄생

지금까지 살펴본 회로들은 저항 외에 커패시터와 인덕터 중에서 하나만 회로에 포함된 1차(first order) 회로이다. 이와는 달리 'RLC 회로'는 커패시터와 인덕터가 모두 포함된 2차(second order) 회로이다. 이미 짐작했겠지만 '1차 회로'는 '1차 미분 방정식'으로, '2차 회로'는 '2차 미분 방정식'으로 수식화가 가능하다. 따라서 저항, 인덕터, 커패시터가 직렬로 전원에 연결된 RLC 회로에[27] 키르히호프의 법칙을 적용하면 다음과 같이 전류에 대한 2차 미분 방정식이 된다.[28]

$$L\frac{d^2 i(t)}{dt^2} + R\frac{di(t)}{dt} + \frac{1}{C}i(t) = V_s' \qquad (6)$$

위 식을 풀면, 전압(V_s)를 인가했을 때 회로에 흐르는 전류를 알 수 있다. 그러나 해에 대한 자세한 이야기는 이 글의 목적을 벗어나기 때문에 생략한다. 다만 '수학적 모델링'을 통해서 전기회로에 대한 미분 방정식도 얻을 수 있고, 그 해로부터 회로에 대한 모든 특성을 이해할 수 있다는 것을 여기서 강조해서 말하고 싶다.

물론 위 방정식이 R, L, C 와 입력 신호 V_s를 포함하고 있으므로 회로에 흐르는 전류가 이 소자 값들과 입력 신호에 따라서 어떻게 달라질 것인지 정확히 예측할 수 있다.

공진 회로

마지막으로 'RLC 회로'에서 저항을 제거한 것이 'LC 회로' 또는 '공진 회로'이다. 따라서 식 (6)에서 저항(R)을 포함하고 있는 좌변 둘째 항을 제거한 식이 이 회로에 대한 미분 방정식이 된다. 여기서 만일 정현파 신호(V_s)가 회로에 인가된다고 가정하고 이 방정식을 풀면 회로에 흐르는 전류는 $i(t) = I_0 \sin \omega t$가 된다. 이것은 이 회로에는 저항으로 인한 에너지 소모가 없으므로 전류가 일정한 진폭 I_0를 유지하면서 진동수 ω로 진동한다는 것을 말해준다. 회로에 저항이 있으면 전류가 열에너지로 소모되면서 흐르는 전류의 진동 폭이 점차 줄어들다가 시간이 충분히 지나면 아주 사라지는데, 이 '공진 회로'에는 저항이 없으므로 이러한 진동은 사그라들지 않고 자체 고유주파수(natural frequency)인 공진주파수 $\omega = 1/\sqrt{LC}$로 공진을 지속할 것이다.

이러한 LC 회로의 공진 특성을 이용한 소자에는 발진기, 주파수 필터, 주파수 튜너 등이 있다.

지금까지 아주 간단한 전기회로들만 살펴보았으나, 세상에는 별별 복잡하고 다양한 회로들이 아주 많이 있다. 지금 당신은 그 중에서 어느 회로의 어느 지점을 지나고 있는가?

7장 파동의 어머니

'살아있는 것은 모두 파동의 형제들이다.'

파동(wave)이 무엇인지에 대해서 2장에서 잠깐 설명한 바 있다. 간단히 말해서 '파동이란 정체되어 있지 않고 움직이는 것'이라고 말했다. 이런 점에서 본다면 우리 주변의 수많은 것들이 파동이라고 말할 수 있다. 원자나 분자에서부터 그것들로 이루어진 인체의 각 기관을 비롯해서 우주에 있는 모든 물질들을 파동으로 볼 수 있다.

이들 파동은 떨림의 크기, 형태, 방향, 반복 횟수 등이 제각각이다. 따라서 자연 과학에서는 파동을 세분해서 쉽게 설명할 수 있도록 수식으로 나타낸다. 이번 장에서는 파동에 대한 식을 우선 살펴보고, 이들 식이 어디에서 나왔는지, 그리고 파동에는 어떤 파동이 있는지 살펴보고자 한다.

7.1 파동 방정식

물 위로 밀려오는 파도를 관찰한 적이 있는가?
어느 한 지점에서 파도의 운동을 자세히 살펴보면 파도의 높이가 시간에 따라서 삼각 함수인 코사인이나 사인 함수처럼 오르락내리락 반복한다. 그리고 파도는 한 곳에 정지해 있지 않고 어떤 속도로 지속해서 밀려가고 또 밀려오는 것을 알 수 있다. 이때 어느 한 방향(간단히 x-방향)으로 진행하는 파도를 시간 t와 위치 x의 함수, $\Psi(x,t)$로 나타낼 수 있는데, 이것이 바로 파동 함수이다.

모든 파동은 어떤 형태를 띠고 있는데, 우리에게 가장 낯익고 간단한 파동의 형태가 코사인이나 사인 함수이다.[1] 그 밖에도 가우션 함수나 솔리톤의[2] 형태를 띤 파동이 있다.

이들 파동은 어디에서 나왔을까?
우리는 이미 앞의 5, 6장을 통해서, 어떤 현상을 낱낱이 이해하기 위해서는 우선 '수학적 모델링'을 통해서 미분 방정식을 찾고, 그런 후에 그 방정식의 해를 풀면 그 현상을 명쾌히 알 수 있다는 것을 배웠다. 그중 한 예로 방사성 붕괴 현상을 살펴보았다. 즉 방사성 붕괴 현상으로부터 미분 방정식을 얻을 수 있었고, 그 식으로부터 방사성 붕괴를 정확히 예측할 수 있는 해를 구했다. 마찬가지로 파동이라는 현상을 이해하기 위해서도 모델링을 통해서 우선 파동 방정식을 구해야 한다. 파동 방정식이 중요한 이유는, 어떠한 종류의 파동이나 파동 함수들도 미분 방정식의 하나인 파동 방정식으로부터 나오기 때문이다. 다시 말해서 파동 방정식이 모든 파동의 어머니라고 말할 수 있다.

그렇다면 파동 방정식은 어떻게 얻어지나?

간단히 말해서 파동 방정식은 진동하는 줄에 뉴턴의 운동 법칙을 적용해서 유도하거나,[3] 전자기파에 대한 맥스웰 방정식으로부터 얻어진다.[4] 일정한 형태를 유지하고 임의의 방향(여기서는 편의상, x-방향)으로 이동하는 거의 모든 파동은 위의 파동 방정식을 풀면 구할 수 있다. 따라서 일단 파동 방정식으로부터 파동 함수가 얻어지면 시간과 공간을 따라서 움직이는 파동의 특성을 파악할 수 있다. 자세한 것은 참고문헌들을 살펴보기를 권한다.

다음은 시 「파동 방정식」의 전문이다. 이 시편을 음미하면서, 파동들이 달과 별과 은하와 우리 삶 속에서 어떻게 깨어나서 사랑하다가 사라질까 한번 상상해 보자.

고요는 잡식성, 고통도 슬픔도 모두 삼켜버린다

새끼들이 고요를 찢고 하나둘 깨어나더니
모닝 커피잔의 잔물결을 따라 흥얼흥얼 춤을 춘다

오카리나의 자궁 속은 태풍의 핵
초박막 다이들이 초조와 흥분을 숨기고
부르자마자 튀어나와 경주마처럼 달음질한다

가을 낙엽송 가지 끝에도 전쟁터 한복판에도
어디나 크고 작은 별별 모양의 폐공간이 있다
그들은 온갖 색깔과 자태로 떨다가
기회를 타서 탈출하여 사방으로 쏜살같이 흩어진다
무엇에든 부딪쳐도 틈만 있으면 에돌이하고
서로 간섭하는 것은 그들의 습성

외풍이 나뭇가지의 운동 궤적 변화와 협상하다가
너는 태어났고, 낙엽의 추락 속도는 덤이다

너는 원자, 절대영도 근처의 고독 속에서도 사랑을 하고
빛을 먹고 자란 어둠의 자리마다 새끼들이 깨어나고
별도 은하도 너에게서 나왔고

달빛도 생명체들의 아우성도 너의 새끼들
너는 그들의 자궁이고 무덤
너는 파동의 어미

- 「파동 방정식」 전문, 『라마누잔의 별 헤는 밤』

7.2 호모사피엔스 파동

우리는 자신에 대해서 잘 안다고 생각하는 경향이 있다. 그러나 갑자기 어려운 상황에 놓이게 되면 어떻게 변할지는 아무도 모른다. 우리의 마음은 변덕스러운 산 날씨 같아서 늘 잘 변한다. 때때로 좌파라느니 우파라느니 상대를 공격하기도 하고, 또는 자신이 그렇게 공격당할지도 모른다는 불안감 속에서 항상 조마조마하면서 살아간다. 이것이 바로 우리 인간들이다.

혹시 이렇게 흔들리는 이유는 우리에게 타고난 어떤 속성이 있지 않을까? 만일 우리가 그 속성을 미리 알고 있다면 인간 세상에서 이런저런 일로 날마다 벌어지는 어이없는 숱한 다툼에 그다지 놀라지 않을 것이다. 그리고 네 편 내 편 따지면서 파당을 가르는, 우리 사회에 만연하는 악습에 대해서도 인간의 속성 탓으로 돌리면서 다소 위안을 삼을 수 있지 않을까 생각한다.

그렇다면 우리에게 어떠한 속성이 있을까?

우리는 파동인가?

먼저 우리를 한번 들여다보자. 우리는 모두 움직인다. 몸도 마음도 영혼도 모두 주어진 시간과 공간 속에서 제각기 다른 방향으로 진행한다. 봄, 여름, 가을, 겨울을 지나는 동안 우리 삶도 어느 때는 일정한 속도로 어느 때는 가속도 운동을 하면서 진행하고 있다. 우리 육체의 각 기관을 이루는 세포들은 일부 재생되기도 하지만 모든 세포들은 한결같이 수명을 다한 후 사라진다. 그렇게 시간이 흘러가면서 육체는 결국 노화로 죽음에 이른다. 영혼도 태풍이 몰려오기 전의 구름처럼 변화무쌍하게 변화한다. 이렇게 우리의 육체와 영혼을 포함해서 모든 것들이 정체해 있지 않고 움직이면서 변화한다는 점에서 우리는 파동과 닮았다고 말할 수 있다.

이미 앞에서 언급한 바와 같이 파동에도 여러 가지가 있다. 우리가 말할 때 입에서 나오는 음성 신호는 수축과 팽창을 번갈아 반복하면서 공기를 통해서 상대방에게 전달된다. 이것을 우리는 음파라고 한다. 북이나 장구를 칠 때 멀리까지 그 소리가 들리는데 이것은 음파가 퍼져나가기 때문이다. 파동에는 음파 외에도 호수나 바다 수면 위로 퍼져나가는 수면파가 있고, 고체와 유체에서 생기는 압축파가 있다. 그리고 일찍이 아인슈타인이 예측했지만, 최근에 과학자들에 의해서 관측된 중력파와 빛이나 전파와 같은 전자기파가 있다.

위에 언급된 음파, 수면파, 압축파와 같은 물리적인 파동들은 매개 물질을 통해서 진행한다. 물론 공기는 음파의 매개 물질이기 때문에 공기가 없는 곳에서는 음파가 진행하지 않는다. 마찬가지로 물이 없는 곳에서는 수면파가 전달되지 않아서 해일이나 파도가 일어나지 않는다.

인간 사회에서도 물리적인 파동과 비슷한 파동이 일어난다. 가끔 정국을 혼란으로 몰고 갔던 정치인들과 관련된 폭탄 발언들이 그 예이다. 정부의 고위 지도층에 대한 전혀 예상치 못했던 사건들은 그야말로 잔잔한 바다에 해일을 일으키기에 충분하다. 그 속에 엄청난 에너지가 응축되어 있어서 바닷속 지진처럼 국민들 사이에서 파장을 일으키며 나아간다. 이렇게 교란을 일으키며 일종의 구면파(spherical wave)처럼 사방으로 퍼져나가는 파동이 바로 국민들의 '민심'이다. 이로 인해서 전국에 걸쳐서 크고 작은 물결들이 일어나는데, 여기서 우리는 이것을 '호모사피엔스 파동' 또는 '휴먼 파동'이라고 부르겠다.

우리 주변에는 물리적인 파동도 있지만 전자기적 파동도 있다. 우리에게 익숙한 전자기파(electromagnetic wave)는 전자기적 파동에 해당한다. 그리고 모든 파동에는 특별한 고유의 성질이 있다. 마찬가지로 휴먼 파동도 고유의 성질이 있는데 그것에 대해서는 나중에 다루기로 하고, 여기서는 전자기적 휴먼 파동에 대해서 살펴보자.

7.3 전자기적 휴먼 파동

우리가 이미 잘 알고 있는 빛도 전자기파의 일종이다. 빛에도 우리 눈이 인지할 수 있는 가시광선 영역의 빛과 그 주변 대역의 빛인 자외선과 적외선이 있는데, 이들 모두가 전자기파의 일종인 빛이다. 그뿐만 아니라 물을 전자 오븐에 넣고 스위치를 누르면 물이 끓게 되는데 이때 오븐에서 나오는 마이크로파도 전자기파에 해당한다. 그 밖에도 전력선에서 방출되어 나오는 주파수가 낮은 전자기파가 있고, 주파수가 아주 높은 전자기파로 엑스선과 감마선이 있다.

빛은 불과 130년 전까지만 해도 '에테르라는 물질 안에서의 전자기적인 요동'이라는 가설에서 아주 벗어날 수 없었다. 그러나 마이켈슨-몰리 실험과 아인슈타인의 특수상대성 이론이 나온 이후로, 빛은 매개 물질 없이도 진공이나 공기 중에서 자유롭게 전파하고, 그 속도는 광속(30만km/s)과 같다는 것이 밝혀졌다.

우리에게도 빛이나 전자기파와 같은 속성이 있지 않을까?

어떠한 속성이 우리에게 있는지 알게 된다면 우리는 인류를 더 잘 이해할 수 있을 것이고, 좀 더 풍요로운 삶을 누릴 수 있을 것이다. 생물학적인 측면에서 우리 몸은 여러 가지 원자들로 이루어진 분자들로 구성되어 있다. 이들 원자나 분자들은 각기 다른 회전이나 진동 운동을 하면서 마이크로파와 적외선을 복사하기 때문에 우리 몸은 적어도 전자기파와 무관하다고 할 수는 없다. 오히려 다양한 스펙트럼을 갖는 전자기파를 방출하는 원천이라고 해야 한다.

우리의 영혼이나 정신 또는 마음도 전자기파와 관련이 있을까? 우리는 종종 이상한 일을 경험하곤 한다. 40여 년 전 필자가 미국에서 학생 신분으로 있을 때 혼자서 부모님께 알리지 않고 큰 수술을 받은 적이 있다. 수술은 잘 끝났으나 여러 가지 합병증으로 고생했던 경험은 지금도 생생하다. 나중에 알게 된 사실이지만 그 무렵, 어머님께서는 내 걱정으로 잠을 한숨도 못 주무셨다고 한다. 이와 유사한 사례는 주변에서 흔히 볼 수 있다.

어떻게 1만 킬로나 되는 먼 곳에서 자식의 고통을 어머니는 느낄 수 있었을까? 단지 우연일까? 아니면 혹시 이런 것은 아닐까? '자식이 신음하는 고통의 소리는 일종의 파동이며, 자식이 송신하는 신호의 피크 주파수는 어머니가 가장 잘 수신할 수 있는 주파수와 일치한다. 따라서 멀리서도 흐릿한 자식의 고통을 거의 동시에 어머니는 느낄 수 있다.' 그리고 전자기파의 속도가 광속과 같이 매우 빠르다는 점에서 이 현상을 전자기적 휴먼 파동의 한 현상으로 생각하면 안 될까?

이심전심(以心傳心)이라는 말이 있다. 원래 스승과 제자가 마음으로 불법의 이치를 서로 주고받는다는 뜻에서 나온 말이지만, 오늘날 마음과 마음으로 서로 뜻이 통한다는 말로 널리 쓰이고 있다. 그런데 여기서 마음은 무엇인가? 생각 또는 정신과는 어떻게 다른가? 마음이나 생각 혹은 정신에 대한 정의는 다소 차이가 있기는 하지만 이들 모두가 다 우리 머릿속에 있는 어떠한 신호 패턴들이라고 볼 수 있지 않을까? 우정이 아주 깊은 두 친구가 이심전심으로 통한다는 것은 오랫동안 그들이 어떤 신호 패턴에 익숙해 있어서 대화 없이도 송수신이 가능하다는 말일 것이다.

친구 사이에도 아주 친하면 떨어져 있어도 서로 통하는데, 부모 자식 사이에는 오죽하겠는가? 자식을 사랑하는 부모의 마음이 아주 강하고 부모를 그리워하는 자식의 생각이 강렬하면 부모와 자식 사이에 우리가 모르는 통신 채널이 시공을 초월해서 새로 생길지도 모른다. 부모와 자식 사이의 사랑이 강렬하면 강렬할수록 그 채널을 통해서 전달되는 메시지 신호들이 잡음의 크기보다 더 커서 서로에게 잘 전달될 것이다. 마치 해외에 있는 자식과 전화기를 통해서 통화하는 것처럼 말이다.

오늘날 대부분의 통신에 이용되는 파동은 마이크로파나 광파와 같은 전자기파이다. 텔레파시나 이심전심은 메시지의 전달 속도가 빠르다는 점에서[5] 이들 파동을 '물리적인 휴먼 파동'보다는 '전자기적 휴먼 파동'이라고 불러야 할지 모른다. 만일 그렇다면 '전자기적 휴먼 파동'도 전자기파와 비슷한 성질이 있을까?
전자기파를 닮은 휴먼 파동은 어떠한 모습일지 잠깐 생각해 보자.

휴먼 파동은 어떻게 진행하는가?

우리는 앞에서 마음을 전달하는 반송자를 전자기파와 같이 취급하여, '전자기적 휴먼 파동'이라고 불렀다. 그런데 전자기파는 무엇인가? 전자기파의 특징 중 하나는 서로 수직으로 진동하는 전기장(electric field, 전계)과 자기장(magnetic field, 자계)이 서로를 회전시키면서 진행한다는 것이다.[6] 따라서 마음이라는 '휴먼 파동'도 전자기파처럼 서로 대척되는 두 가지 장(場, field)을 통해서 퍼져나간다고 보면 어떨까? 그렇다면 '휴먼 파동'에서 두 가지 장에 해당하는 것은 무엇일까?

여기에서 다소 상상력이 요구된다. '휴먼 파동'에서 이성-감성이[*] 전자기파의 전기장-자기장과 비슷한 역할을 한다고 생각할 수 있을까? 만일 그것이 가능하다면 이성과 감성이 우리의 마음을 발현시키는 에너지 源으로서, 어느 방향으로 '휴먼 파동'이 흐를지 결정해 줄 것이다. 따라서 전기장과 자기장이 모두 있어야 파(wave)가 진행할 수 있는 것처럼, 이성과 감성이 모두 공존하면서 조화를 이룰 때 비로소 마음이라는 '휴먼 파동'이 앞으로, 뒤로 또는 어느 일정한 방향으로 진행할 수 있다고 말할 수 있다.

누구는 여자의 마음을 갈대와 같다고 하고, 누구는 변화무쌍한 여자의 마음을 산 날씨와 같다고도 한다. 이것은 쉽게 변하는 사람의 마음을 여자의 마음에 비유한 것이지만 남자들의 마음도 '휴먼 파동'이라는 점에서 물결처럼 출렁이는 것은 별반 다르지 않다. 우리들의 마음이 어제와 지금이 다르고 아침과 저녁이 다르다고 해서 전혀 이상할 것이 없다. 그것은 감성과 이성이 주변 환경에 따라서 주기적으로 또는 비주기적으로 변동하고, 그 결과로 '휴먼 파동'이 살아서 움직이기 때문이다. 우리가 살아 있는

---

[*] 여기에서 말하는 이성이나 감성은 우리가 상식적으로 생각하는 이성이나 감성과 다를 수 있다. 이들은 각각 휴먼 파동의 전기장과 자기장에 해당하는 '휴먼 전기장'과 '휴먼 자기장'이라는 것을 기억하길 바란다. 그러나, 그런 용어는 아직 없으므로 편의상 여기서는 이성과 감성이라고 부른다.

동안은 우리는 흔들릴 것이고 죽는 순간 '휴먼 파동'은 멈출 것이다. '휴먼 파동'은 우리가 살아 있다는 증거이다. 더 크게 물결친다는 것은 젊다는 의미이고, 물결이 잦아들고 있다는 뜻은 죽음에 더 가까워지고 있다는 의미이다.

휴먼 파동도 다양한 편광이 있다

전자기파에는 다양한 편광 상태가 있다. 광파(빛, optical wave)의 경우를 예로 들어보자. 빛의 편광 상태에는 크게 선형 편광, 원형 편광, 타원 편광이 있다. 그리고 원형 편광에는 좌로 회전하는 좌원 편광과 우로 회전하는 우원 편광이 있고, 타원 편광도 좌로 회전하는 좌타원 편광과[7] 우로 회전하는 우타원 편광이 있다.

여기서 주목할 것은 회전 방향과 진동 방향에 따라서 무한히 많은 타원 편광과 선형 편광 상태가 존재한다는 것과, 모든 편광이 좌원 편광과 우원 편광의 중첩 혹은 수평 선형 편광과 수직 선형 편광의 중첩으로 취급할 수 있다는 점이다. 여기서 빛의 편광 상태들에 대해서 일일이 열거하는 이유는 우리에게도 이와 비슷한 경향이 존재하기 때문이다.

우리는 태어나면서부터 오른손잡이가 있고 왼손잡이가 있다. 요즘 논쟁이 되고 있는 우파와 좌파도 이러한 편향적인 경향들을 분류해서 칭하는 말이다. 우리에게 나타나는 이러한 경향들은, 인류에게 '휴먼 파동'의 속성이 있다는 사실을 조금이라도 인정한다면, 전혀 놀랄 일들이 아니다. 그러나 우리가 혹시라도 오해하고 있는 것은 없는지 빛의 편광 특성으로부터 몇 가지 점검해 볼 필요가 있다.

첫째는 빛에 편광 상태가 무수히 많이 있는 것처럼, 사람들도 엄밀히 따지면 모두 경향이 조금씩 다르다는 것과 또 그렇기 때문에 사람들을 단지 두 경향인 좌파나 우파로 이분법적으로 구분할 수는 없다는 것이다. 둘째는 자연에서 관찰되는 빛의 편광 상태는 대부분이 좌타원 편광이나 우타원 편광(혹은 무편광이나 선형 편광)이지 좌원 편광이나 우원 편광이 아니라는 점이다. 이 말은 사람들도 좌편향적이거나 우편향적인 경우가 대부분이지 극좌나 극우인 경우는 거의 드물다는 의미이다. 광파를 좌원 편광이나 우원 편광으로 만들려견 특별한 실험실이 필요하듯이, '휴먼 파동'도 특별한 환경에서 세뇌 받지 않고서는 극좌나 극우가 되기가 어렵다.

마지막으로 우편향적인 사람에게는 우편향적인 '휴먼 파동'이, 좌편향적인 사람에게는 좌편향적인 '휴먼 파동'이 잘 전달된다. 그것은 광(光) 시스템에서 입력 신호와 수신단의 모드 패턴이 일치할 때 입력 신호와 수신단 간의 결합이 최대로 잘 일어나는 원리와 같기 때문이다.

휴먼 파동도 색깔이 있다

빛의 특성 중 하나는 파동마다 고유의 색깔이 있다는 것이다.

자연광은* 다양한 색깔의 빛으로 구성되어 있다. 자연광은 우리의 눈에 매우 익숙하여 우리에게 피로감 대신 푸근함을 선물해 준다. 따라서 공학자들은 실내외를 자연 친화적인 조명을 하기 위해서 여러 가지 색깔의 빛을 섞어서 자연광을 구현하고 있다. 3가지 빛깔(적색, 녹색, 청색)을 조합하여 백색광을 구현하는 것도 자연광을 연출하기 위해서이다. 한 가지 빛으로 조명등을 구현하게 되면 쉽게 피로하게 되지만 백색광은 자연광과 비슷하여 우리의 눈을 보호하고 쾌적한 생활을 하게 해 준다.

사회도 마찬가지이다. 한 가지 색깔의 목소리만 있으면 얼마나 권태롭고 피곤할까? 다양한 색깔의 목소리들이 사회 공동체 안에서 조화를 이룰 때 모두가 편안하고 풍요로운 삶을 살 수 있지 않을까?

다양한 색깔이 사회를 편안하고 안락하게 밝혀줄 수 있다. 자연광이나 백색광처럼 말이다. 여러 가지 색깔의 '휴먼 파동'이 있다는 것은 아직도 사회가 건강하다는 뜻일 것이다.

사람들 때문에 절망하는 이들에게 이렇게 위로하고 싶다.

"누구를 탓하지 마라. 너도 친구들도 색깔이 항상 변하는 것은 우리 모두 계절을 타는 '휴먼 파동'이기 때문이다." 좌편향적인 경향이나 우편향적인 습성이 우리에게 상존하는 것, 그것도 '전자기적 휴먼 파동'의 탓이다.

---

* 자연광은 자연 그대로의 빛, 즉 우리 주변의 햇빛을 말한다.

8장 세상은 연립 방정식이다

'사랑은 너와 내가 연립 방정식을 푸는 일이다.'

지금까지 앞에서 살펴본 기계적, 전기적 시스템들은 하나의 방정식으로 기술할 수 있는 아주 간단한 회로들이다. 그러나 실제 시스템들은 훨씬 더 복잡하여 시스템을 제대로 설명하기 위해서는 더 많은 방정식이 필요한데, 이때 등장하는 일련의 방정식들을 연립 방정식이라고 부른다. 여기서 미리 기억해 둘 것은 우리 주변의 다양한 선형 시스템들은[1] 앞에서 배운 수학적 모델링을 통해서 연립 방정식으로 나타낼 수 있다는 점이다.

이 장에서 우리가 연립 방정식에 특별히 관심을 갖는 까닭은, 바로 우리 삶 주변에 있는 수많은 문제들, 즉 시스템들을 선형 연립 방정식의 문제로 취급해서 좀 더 수학적으로 깊이 접근해 보기 위함이다. 이에 해당하는 시스템 중에는 전기 회로망, 기계적 회로망 외에도 휴먼 회로망, 금융 회로망, 물 공급망, 원자 시스템 등 무수히 많이 있다.

여기서는 전기 회로망과 휴먼 회로망에 대해서 주로 간단히 살펴보도록 하겠다. 일반 독자들은 수학적인 세세한 부분은 생략하고 큰 개념 위주로 그냥 읽어나가도 무방하다. 그러나 지적 호기심이 많은 소수의 독자를 위해서 일부 디테일한 과정들을 미주에 비치하였다.

8.1 전기 회로망

이미 앞에서 저항 하나와 인덕터 하나만으로 구성된 저항-인덕터 회로를 해석하기 위해서 회로망을 하나의 1차 미분 방정식으로 모델링을 했었다. 그러나 회로망이 두 개 이상의 루프로 구성된 경우에는 어떻게 모델링을 할까? 우선 왼쪽과 오른쪽 루프 각각에 저항 하나와 인덕터 하나가 있는, 2개의 루프로 구성된 전기 회로망(미주 그림 참조)이 있다고 하자.[2] 그리고 이 회로망에 앞에서 했던 수학적 모델링을 적용해 보자. 그러면 왼쪽 루프에 키르히호프 법칙을 적용함으로써 왼쪽 루프로 흐르는 전류 I_1에 대한 1차 미분 방정식을 얻을 수 있고, 같은 방법으로 오른쪽 루프로 흐르는 전류 I_2에 대한 미분 방정식을 얻을 수 있다.[3]

이렇게 연립 방정식이 얻어지고 그 해 (I_1, I_2)가 구해지면, 루프 1과 루프 2를 통해서 흐르는 전류 I_1과 I_2가 시간에 따라서 어떻게 변하는지를 알 수 있다. 여기서는 연립 방정식의 해가 구체적으로 어떻게 되는지 그리고 전류들이 어떠한 특성을 보이는지에 대한 자세한 설명은 생략한다. 그러나 여기서 눈여겨볼 것은 회로망에 2개의 루프가 서로 연결되어 있고, 따라서 전류 I_1과 I_2는 두 루프에 있는 모든 소자들과 그 값들에 따라서 달라진다는 점이다.

지금까지 루프 2개로 구성된 전기 회로망의 예를 간단히 살펴보았으나, 실제로는 다수의 루프가 포함된 복잡한 회로망인 경우가 대부분이다. 그런 때에도 비슷한 방법으로 전기 회로망을 수학적으로 해석할 수 있다.

그림 10은 n개의 루프로 구성된 전기 회로망의 한 예이다. 이 경우 n개의 루프가 서로 연결되어 있기 때문에 n개의 방정식으로 선형 시스템을 나타낼 수 있다. 이처럼 2개 이상의 미분 방정식으로 구성된 연립 방정식은 매트릭스(matrix, 행렬)와 벡터로 간단히 나타낼 수 있으며, 그 해도 매트릭스의 고윳값을 구하는 방법으로 구할 수 있다.[4] 그리고 주목할 점은 시스템의 고윳값이 안정성과 같은 시스템의 특성과 관련이 있다는 것이다.

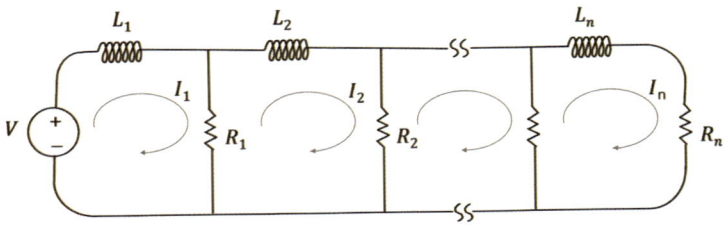

그림 10. n개의 루프로 구성된 전기 회로망

이와 같은 시스템은 전기 회로망 외에도 사람 사이의 인적 네트워크인 휴먼 회로망을 포함해서 금융 회로망, 원자 시스템, 생체 회로망 등 수없이 많이 있을 수 있다. 만일 이들 시스템으로부터 매트릭스나 고윳값을 알면 그 시스템이 안정한 시스템인지 아니면 시간이 지남에 따라서 불안정하게 되는 시스템인지, 그리고 불안정한 시스템이면 얼마나 빠르게 변할지 등을 알 수 있다. 물론 시스템이 선형 시스템이라는 가정하에서 말이다.

아래는 시 「매트릭스」의 전문이다.

연분홍 매트릭스가 왔다

소우주를 주렁주렁 가지 마디마다 매달고 환하게
창가에 서 있는 매트릭스를 바라보던 반백의 매트릭스가
한 강의실로 들어섰다 그리고
초롱초롱한 눈을 한 매트릭스들에게

거대한 매트릭스를 그려 보았다

수많은 방정식들을 거느리고 있는 매트릭스
매화나무 가지에 물이 촉촉이 올라올 때
살가죽을 뚫고 젖내 나는 매트릭스가 탄생한다
터진 틈으로 비상하려는 새 움아
너의 운명의 숫자가 무엇이더냐
너의 고유벡터가 꽃이냐 푸른 잎이냐
시시각각으로 변하는 잎 줄기 모세관 꽃봉오리들

살얼음판을 지치는 긴장으로 결승선을 지나서
흰 줄무늬의 고유값을 달고 핀 분홍색 벡터

그가 떠나자 매트릭스는 앞을 다퉈 꽃을 피기 시작했고
강의실은 온통 매트릭스향기로 가득 찼다

- 「매트릭스」 전문, 『그 평원의 들소와 하이에나』, 『쥐라기 평원으로 날아가기』

8.2 휴먼 회로망

우리는 누구나 보이지 않는 숱한 '휴먼 회로망' 속에서 호흡하면서 살고 있다. 그 회로망은 우리가 속해 있는 가정이나 회사가 될 수 있고 더 나아가서는 나라도 될 수 있다. 그림 11은 '휴먼 회로망'의 개념을 아주 쉽게 설명하기 위해서 그린 그림이다. 회로망 중심에 M이 있고, 그 주변에 사람들($m_i, \; i=1 \sim 4$)이 용수철(k_i)을 통해서 연결된 채로 조화 진동자(그림 7)처럼 운동을 하고 있다.

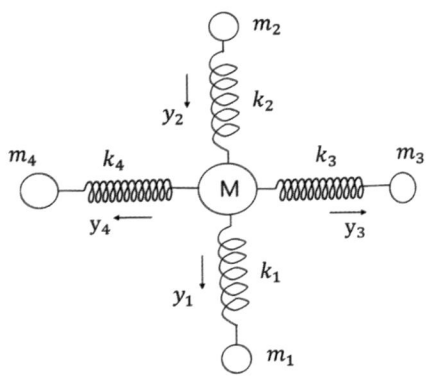

그림 11. 휴먼 회로망의 예. ($M > m_i, i = 1 \sim 4$)

우선, 직장 생활을 하는 회사원들은, 사장을 중심으로 직장이라는 '휴먼 회로망'의 한 구성원으로 회사 안에서 묵직한 소리를 내기 위해서 온갖 노력을 다한다. 이때 사장(M)은 회로망 중앙에 있을 것이고, 직원들은 그 주변에서 용수철을 거쳐 그에게 매달려서 운동하고 일할 것이다. 주변에 매달린 그들의 질량(m_i)은 직장에서의 그의 비중을 의미하고, 용수철 상수(k)는 회사에 대한 그의 열정 또는 충성도를 뜻한다. 따라서 질량이 클수록 직장에서 그의 영향력이 더 클 것이고, k 값이 작다는 것은 회사에 대한 애착이 적어서 머지않아 그가 직장을 떠날 가능성이 크다고 말할 수 있다.

또다른 휴먼 회로망의 예를 들어보자. 한 가정이 화목하게 잘 지낼 수 있는 것은 가정이라는 휴먼 회로망 속에서 가장(家長) M을 중심으로 온 가족이 잘 결속되어 있기 때문이다. 자녀들 m_1, m_2, m_3와 아내 m_4는 위의 그림처럼 가장에 매달려서 가정생활을 한다. M 주변에는 질량 혹은 회로망 내에서의 비중이 좀 작은 3명의 자녀들이 매달려 있고, 자녀들보다 영향력이 조금 큰 아내도 휴먼 회로망을 구성하고 있다. 이때 용수철 상수들의 크기가 클수록 더 튼실하고 안정된 가정이라고 말할 수 있다.

위기의 가정일수록 가족 간에 응집력이나 결속력이 떨어지기 때문에 위의 기계적 회로망 속의 용수철 상숫값이 작다고 하겠다. k 값이 작다는 의미는 가정에서 아내나 자녀들 중에서 일부가 가정생활을 하다가 쉽게 떨어져 나갈 수 있다는 뜻이다. 가정이 쉽게 해체될 수 있다는 말이다.

그림 11에서 y_i는 구성원들이 M을 중심으로 진동자 운동을 할 때 그들의 위치를 나타낸다. 그리고 회로망에서 주변인들이 M에만 연결되어 있고 그들끼리는 연결되어 있지 않은 것은, M의 영향력(구속력)에 비하면 그들의 영향력은 무시할 정도로 아주 약하다고 가정했기 때문이다. 우리의 휴먼 회로망을 이렇게 아주 단순한 기계적 시스템으로 가정하는 경우, 위 휴먼 회로망으로부터 4개의 미분 방정식으로 이루어진 연립 방정식을 얻을 수 있다. 또한 이 연립 방정식을 앞의 전기 회로망의 경우에서처럼 매

트릭스와 벡터로 간략화해서[5] 휴먼 회로망을 해석할 수 있다.

여기서 수학적인 디테일은 건너뛰어도 좋으나 반드시 기억해 둬야 할 것은, '휴먼 회로망' 속에 있는 사람들 모두가 서로 다른 특성(m_i, k_i)을 지니고 있다는 것과 따라서 그들은 평상시에도 서로 구별되는 고유 진동수(w_i)로 떤다는 것이다. 이것을 기억하고 있는 한, 왜 늘 같은 환경에서 자란 자녀들조차 서로 다른 목소리를 내야 하는지 이해할 수 있을 것이다.

휴먼 회로망의 문제를 수학적 모델링을 통해서 풀면, 초기 조건과 여러 가지 파라미터 값들에 따라서 다양한 해(패턴)들이 나타난다. 이 패턴들은 외부 환경 변화에 민감하게 변화하며, 시시각각으로 달라진다. 어느 순간 모두가 한 방향으로 밀거나 당기기도 하고, 하나가 당길 때 나머지 애들은 밀기도 하고, 둘이 밀 때 나머지 둘은 당기고, 이렇게 서로 밀고 당기면서 변화하는 독특한 패턴이 바로 휴먼 회로망이라는 조화 진동자의 해가 되는 것이다.

만일 외부에서 힘(외력)이 가해져서 구동 조화 진동자로 작용하는 경우는 이보다 더 다양하고 훨씬 더 복잡한 운동 패턴들을 예상해 볼 수 있다. 회로망의 구성원을 n명으로 확대하는 경우, 휴먼 회로망의 전체 운동 패턴 y는 $y(t) = a_1 y_1 \pm a_2 y_2 \pm \cdots \pm a_n y_n$로 간단히 나타낼 수 있다. 여기서 a_i는 회로망 내에서 구성원(i)의 비중(무게감), 즉 가중치(weighting factor)로 시간에 따라서 변할 수 있다. 또한 구성원마다 대체로 공진 주파수(w_0)가 상이하여 더러는 외부의 힘에 잘 적응하여 같이 공진하기도 하지만, 구성원 대부분은 별별 불협화음 속에서 다양한 목소리를 내다가 점차 사그라질 것이다.

간단히 말해서 이렇게 외부로부터 오는 힘과 구성원들의 색깔(주파수 또는 종류)에 따라서, 그 힘이 '휴먼 회로망' 전체에 긍정적으로 또는 부정적으로 나타날 수도 있다는 점을 꼭 기억하자. 세상에는 우리가 속해 있는 '휴먼 회로망'들이 아주 많이 있다. 언제 그 '휴먼 회로망'들이 가장 흥하고, 언제 또 쇠하는지 한번 우리 주변을 살펴보길 바란다.

9장 시공을 넘나드는 마술들

'변환한다는 것은 날개를 다는 것이다.'

세상을 살다 보면 아쉽고 안타까울 때가 많다. 이미 떠나가신 부모님께 사랑한다는 말을 전하고 싶을 때도 있고, 이 세상에 없는 친구가 그리울 때도 있다. 그러나 이차원 평면 위에서만 기어다니는 가상의 개미가 삼차원 세계를 알지 못하는 것처럼 3차원 공간에서 사는 우리는 사차원 세계를 잘 모른다.

우리는 현실에서 차원을 넘나들지 못한다. 하지만 수학에서는 자유자재로 차원을 드나들 수 있다. 특히 적절히 변환하면 고차원의 문제를 낮은 차원에서 들여다볼 수 있어서, 어렵게 보이는 문제들이 쉬워진다. 그것은 신이 보여주는 신비로운 기적과 같은 것이다.

따라서 이공 대학에서 공부를 한 사람이라면 누구나 변환 방법에 익숙해야 한다. 수학에서 변환하는 목적은 주로 어려운 문제를 쉽게 푸는 데 있다. 예를 들어서 고차 방정식을 저차 방정식으로 변환한다든지, 아니면 비선형 방정식을 선형 방정식으로 변환한다든지 하는 경우가 이에 해당한다.

여기서 언급하고자 하는 푸리에 변환(Fourier transform)과 라플라스 변환(Laplace transform)도 마찬가지이다. 푸리에 변환을 적용하면 복잡한 편미분 방정식(partial differential equation)이 상미분 방정식(ordinary differential equation)이 되고, 라플라스 변환을 거치면 복잡한 초깃값 문제(initial value problem)의 미분 방정식이 단순한 대수 방정식(algebraic equation)의 문제가 된다.

물론 변환 과정 없이 '직접' 풀 수 있는 문제들도 많이 있다. 그러나 우리가 아직 접해보지 못한 고차원의 복잡한 문제들을 좀 더 쉽게 풀기 위해서는 스마트한 '변환 방법'을 찾는 노력이 필요하다. 이때 푸리에 변환이나 라플라스 변환과 같은 변환 기술은 그것을 모르고 문제에 '직접' 접근하는 것보다 고차원의 기술이다.

필자는 강의 시간에 학생들에게 '변환 기술'에 능숙해야 한다고 수시로 강조해 왔다. 그 이유는 학생들이 대학 과정을 마치고 사회에 나가서 경쟁하기 위해서는 그 이전에 게임 체인저와 같은 '변환 방법'을 반드시 숙달해야 한다고 생각했기 때문이다. 앞이 보이지 않는 약육강식의 치열한 세상에서 고차원의 '변환 기술'은 분명히 살아남기 위해서 그들이 지녀야 할 강력한 무기가 될 수 있다.

9.1 푸리에 변환

1800년대 이후로 수학자들에게 미적분학은 자연을 이해하는 데 꼭 필요한 도구가 되었다. 그들은 함수에 대해서도 많은 지식을 갖고 있었다. 그러나 프랑스의 수학자이며 물리학자인 푸리에 (Jean-Baptiste Joseph Fourier, 1768~1830)가 등장하기 전까지는 불연속적 함수를 어떻게 다뤄야 할지를 몰랐다. 푸리에는 임의의 함수를 삼각함수의 급수(trigonometric series)로 나타내는 방법을 개발하였고,[1] 다양한 열전도 문제에 적용하여 성공을 거둘수 있었다. 그의 푸리에 급수 방법은 스텝 함수(step function)나 임펄스(impulse function)와 같이 불연속 함수가 나오는 파동, 열전도, 물리 문제를 해석할 때 특히 중요한 방법이다.

'푸리에 급수 방법'은 푸리에가 열 방정식을 풀 때 처음 개발했으나, 이후 '푸리에 변환'으로 확장되었다. 이들 '푸리에 해석 (Fourier analysis)'은 오늘날 빛, 전기, 음성이나 이미지 신호를 분석

푸리에
(Jean-Baptiste Joseph Fourier)

하거나 실험 데이터를 조사하는 모든 과학자나 공학자들에게 없어서는 안 되는 필수 도구이다. 푸리에 해석은 웨이블릿 분석과 함께 신호를 압축하거나, 신호 복구, 필터링, 데이터 분석 등에 사용된다.

푸리에 변환의 의미는 무엇일까?

우선 푸리에 변환의 개념부터 들여다보자. 어느 함수를 푸리에 변환한다는 의미는 어느 함수에 특정한 주파수 성분을 갖는 복소 지수 함수(e^{-iwt})를 곱하고 모든 주파수에 대해서 적분하는 것을 말한다.[2] 푸리에 변환을 하는 의도는 우선 하나의 함수를 나타내는 데 있어서 모든 가능한 경우의 주파수 성분들을 다 조합해서 나타내 보자는 데 있다. 그리고 이것이 중요한 것은 그렇게 변환함으로써 어느 함수든지 그 함수의 주파수 세계를 자세히 들여다볼 수 있다는 점이다. 좀 더 쉽게 설명해서 우리가 사는 세상을 실재계(x-space, t-space)라고 하고 저 너머의 세계를 주파수계(w-space 또는 상상계)라고 한다면, 푸리에 변환($\mathcal{F}$)을 하면 실재계에서 주파수계로 이동하기 때문에 주파수계를 자세히 들여다볼 수 있는 것이다. 다시 역변환($\mathcal{F}^{-1}$)을 하는 경우는 그림 12(a)처럼 주파수계에서 실재계로 다시 돌아오게 된다.

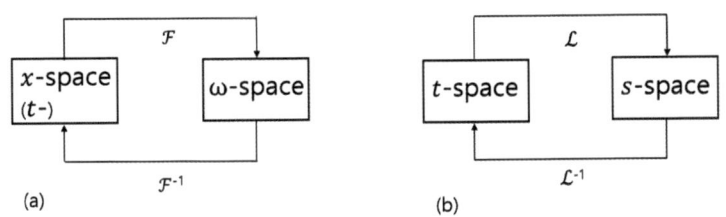

그림 12. (a) 푸리에 변환, (b) 라플라스 변환

위 변환의 개념을 이용하면, 우리는 지금 살고 있는 3차원 공간에서 사차원 공간으로 이동해서 직접 눈으로 보는 것처럼 사차원 공간을 들여다볼 수 있을지 모른다. 그것을 가능하게 하는 개념이 푸리에 변환이나 라플라스 변환과 같은 변환 기술이 될 수 있는데, 머지않아 고차원 세계를 효율적으로 들여다볼 수 있는 새로운 변환 방법들이 수학자들에 의해서 개발되었으면 한다.

아래는 시, 〈날개를 달았어요〉의 부분이다.

스크린에 변장술에 대한 ppt화일을 틔운다.

• • •

교수: 우선 변장술은 변환하는 것인데요,
    변장술사 푸리에가 직접 시범을 보이겠습니다.

(교수가 푸리에를 부르자, 책 속에서 나와 스크린 속으로 들어간다)

변장술 시범이 순서대로 진행된다.

1. 조교 A가 앞으로 나간다

2. 변장술사가 A에게 그의 옷을 입힌다: Ae^{-iwt}

3\. 변장술사의 주문이 시작된다*: $\int A\, e^{-iwt} dt$

4\. 주문이 끝나자 A가 익룡 β가 되어 밖으로 날아간다.**

(학생들 눈에는 조교만 보이고 변장술사와 날아가는 β는 보이지 않는다)

- 「날개를 달았어요」 부분, 『아담의 시간여행』

9.2 라플라스 변환

프랑스 수학자 푸리에가 19세기 초반에 푸리에 변환 방법을 개발한 것처럼, 비슷한 시기에 프랑스의 수학자이며 물리학자인 라플라스(Pierre-Simon Laplace, 1749~1827)는 라플라스 변환 방법을 개발했다. 이 방법도 푸리에 변환 방법처럼 라플라스 변환($\mathcal{L}$)을 하게 되면 함수를 포함해서 시스템 전체가 그림 12(b)처럼 실재계(t-space)에서 새 공간(s-space, 상상계)으로 이동하게 된다. 물론 라플라스 역변환($\mathcal{L}^{-1}$)을 하면 도로 원래로 돌아가는 것은 푸리에 변환의 경우와 같다.

---

* 푸리에 변환을 하려면 변환시키려는 A에 복소 지수함수(e^{-iwt})를 곱한 후에 적분 ($\int dt$)을 하면 된다.

** A가 β(베타)로 푸리에 변환되어 백악기로 날아간다. β의 모습은 아래와 같다.
$\beta = \int_{-\infty}^{+\infty} A\, e^{-iwt} dt$

라플라스
(Pierre-Simon Laplace)

　미분 방정식이나 적분 방정식 또는 전기회로 등 공학 문제를 다룰 때 라플라스 변환을 자주 사용하는 이유는 변환을 통해 새 공간으로 이동해서 문제를 풀면 아주 쉽기 때문이다. 예를 들어서 라플라스 변환을 하면 복잡한 미분 방정식(nonhomogeneous differential equation)도 간단한 대수 방정식이 되어 해를 쉽게 구할 수 있다.
　수업 시간에 학생들에게 '라플라스 변환은 매미가 날개를 다는 것과 같다'라고 가르쳐 왔던 것은, 라플라스 변환을 하는 경우, 미지의 세계가 변환을 통해서 보이게 되고 어려운 문제가 훨씬 쉬워질 수 있기 때문이다. 어떤 문제를 놓고 변환을 생각할 줄 아느냐 모르느냐에 따라서 그 사람의 문제 해결 능력에 대한 평가가 크게 달라질 수 있다. 공학이나 수학, 물리를 배웠다면, 당연히 라플라스 변환 개념을 잘 알고 있어서 그 변환 기술을 여러 분야에 적용하는 데 익숙해야 한다. 만일 졸업할 때까

9장　시공을 넘나드는 마술들

지도 모르고 있다면 안타까운 일이지만 이공계 학사 학위를 받을 자격이 없다고 할 수 있다. 사회에 나가서 어떻게 치열한 경쟁에서 살아남을 수 있겠는가? 수학적인 관점에서 본다면 생존할 확률이 아주 희박하다고 말할 수 있다.

아래는 시, 「쥐라기 평원으로 날아가기」의 전문이다.

코닥사우르스가 디지털 평원에서 사라졌다

학기 내내 강의실 가득 학생들은
숫자와 기호로 버무려진 푸른 빛깔 도는 먹이를 받아먹는다

이제 그들은 정해진 시간 내에 주어진 문자와 식으로
규칙에 따라서 날개를 달아야 한다

소나기구름으로 몰려드는 우레 같은 공룡소리

피가 마르고 몸이 바짝바짝 탄다

가시가 무디어지고 어깻죽지가 간지럽다
눈앞의 먹이가 여러 개로 겹쳐 보인다
부르르 세포가 진동하기 시작한다
살가죽이 터지고 가슴이 쪼개진다
기호와 무리수가 제 길을 잃고 초조해진다

계산기를 두드려보고 연필을 굴려본다
쓰고 지우고 다시 쓰기를 반복한다
졸면서 받아먹었던 것을 억지로 토해내 다시 씹어본다
아른아른 식들이 잡힐 듯 잡히지 않는다

허물을 벗다가 째깍거리며 조여 오는 갈고리에 목이 조인다
지수함수를 곱하고 적분을 한다

두 손으로 갈고리 날을 잡고 버팅기며 라플라스 변환을 한다

티라노사우루스 코앞에서 두 날개가 펴지고
쥐라기 평원 위로 날아간다

  - 「쥐라기 평원으로 날아가기」 전문, 『n평원의 들소와 하이에나』

지금까지 살펴본 푸리에 변환이나 라플라스 변환 외에도 Z-변환이 있다.[3] 이들 변환 방법들은 서로 비슷한 점도 있고 다른 점도 많이 있다. 이것에 대한 자세한 설명은 여기서 생략하고, 그 대신 이 변환 방법들의 발견으로 인해서 수학, 물리, 공학, 의학, 예술 등 많은 분야가 크게 발전할 수 있었다는 점을 강조하고 싶다. 이들 변환 방법은 분명히 최고의 마술이고, '수학 시'(mathematical poem)일 뿐만 아니라 수학이 낳은 예술의 극치가 아닐 수 없다. 마지막으로 영국의 수리 물리학자인 켈빈(Kelvin, 1824~1907)

9장 시공을 넘나드는 마술들 169

경의 아랫글을⁴ 음미하면서 이 글을 마치도록 하겠다.

    푸리에 정리는 현대 분석에서 가장 아름다운 결과물 중 하나일 뿐만 아니라, 현대 물리학의 거의 모든 난해한 문제를 다루는 데 필수적인 도구로 여겨지고 있다. ... 푸리에는 한 편의 '수학 시'이다.

맺음말

　수학사에 많은 업적을 남긴 라플라스는 다음과 같은 말을 남겼다.[1]

　　우리가 아는 것은 미미하고 모르는 것은 무한하다.

　그의 이 마지막 말처럼 지금까지 세상에 알려진 수학들은 많다. 그러나 그것은 아직 세상에 알려지지 않은 미지의 수학들에 비하면 극히 일부에 불과하다고 말할 수 있다. 미지의 수학들이 무한히 널려 있을지 모르는 기회의 땅, '수학의 나라'는 멀리 있지 않고 늘 우리 속에 가까이 있다. 그러므로 '수학의 나라'는 특히 젊은이들에게 무한한 가능성이 항상 열려있는 기회의 땅이 될 수 있다.
　이번에 기회의 땅에 새롭게 도전해 보기를 권한다.

　이 책에서는 지면 관계상 일부의 수학만 소개했으나, 『수학을 시로 말하다』가 수학과 함께 상상의 세계로 여행하기를 꿈꾸는 독자들에게 조금이라도 보탬이 되었으면 한다. 특히, 수학에 대한 흥미와 이해를 돕우기 위해서 장마다 시들을 비치했다. 일부 시편들은 독자들에게 다소 낯설게 느껴질 수가 있는데, 그것은 시가 직설법이 아닌 은유, 환유, 압축, 상상, 비약, 상징 등을 도구로 사용하는 언어이기 때문이다. 그럼에도 불구하고 '수학은 만물의 이치가 농축된 수학 시이다'라는 관점에서, '수학을 시 낭송하듯이' 흥미롭게 읽어주었으면 한다.

    시와 함께 즐겁고 유익한 '수數학여행'을 떠나시기를 바란다.

참고문헌

국문

토비아스 단치히, 『수의 황홀한 역사』, 심재관(譯), 넥서스, 2007.

에르베 레닝, 『세상의 모든 수학』, 이정은(譯), 다산사이언스, 2020.

선우석 외 4명, 「GPS수신 제한 지역에서 충돌 회피를 위한 WLAN 차량통신 프로토콜」, 한국정보처리학회 논문집 제17권 2호 2010.

이언 스튜어트, 『수학사 강의』, 노태복(譯), 반니, 2016.

클라우디 알시나, 로저 넬센, 『눈으로 보며 이해하는 아름다운 수학』, 권창욱(譯), 한승, 2011.

양영오, 「피보나치수열에 대한 고찰」, 『Historia Mathematica』, 제13권, 1호, 63-76면, 2000.

이경식, 「수학과 시: 수학적 상상력을 넘어 '수학으로 시 쓰기'」, 『국제언어문학』 53호, 33-51면, 2022.

하워드 이브스, 『An Introduction To The History Of Mathematics (수학사)』, 이우영, 신항균(譯), 경문사, 2005.

이시경, 『쥐라기 평원으로 날아가기』, 지혜, 2012.

이시경, 『아담의 시간여행-아토에서 우주까지』, 한국문연, 2018.

이시경, 『과학을 시로 말하다-빛의 양자 이야기』, 전파과학사, 2019.

이시경, 『라마누잔의 별 헤는 밤』, 시와과학, 2022.

이시경, 『n평원의 들소와 하이에나』, 시와과학, 2023.

지즈강, 『수학의 역사』, 권수철(譯), 더숲, 2011.

차이텐신, 『History Of Mathematics (수학과 문화 그리고 예술)』, 정유희(譯), 오아시스, 2019.

알프레드 포사먼티어, 잉그마 레만, 『피보나치 넘버스』, 김준열(譯), 늘봄, 2012.

클리퍼드 픽오버, 『The Math Book (수학의 파노라마)』, 김지선(譯), 사이언스 북스, 2015

앤드류 하지스, 『One To Nine (1에서 9까지)』, 유세진(譯), 21세기 북스, 2010.

영문

Girolamo Cardano, First appeared in 1545, *Ars magna or The Rules of Algebra*, Edited by Richard Witmer, Dover, 1993.

Euclid, *The Elements*, Translated by Thomas Heath, (Dana Densmore, Editor), Green Lion Press, 2007.

Gradshteyn and Ryzhik, *Table Of Integrals, Series And Products*, Corrected And Enlarged Ed., Academic Press, 1980.

Stephen Hawking, *God Created The Integers*, Running Press, 2005.

William Hayt, *Engineering Electromagnetics*, McGraw-Hill, 2007.

Eugene Hecht, *Optics*, Addison-Wesley, 2017.

Edward Kasner, James Newman, *Mathematics and the Imagination*, Dover, 2001.

Erwin Kreyszig, *Advanced Engineering Mathematics*, John Wiley &

Sons, 2006.

Thomas Mayerhofer et al., *The Bouguer-Beer-Lambert Law: Shining Light on the Obscure*, Chem PhysChem, Vol. 21, Issue 18, pp. 2025-2142, 2020.

James Nilsson, Susan Riedel, *Electric Circuits*, Pearson, 10th ed, 2015.

Fabio Toscano, *The secret formula : how a mathematical duel inflamed Renaissance Italy and uncovered the cubic equation*, translated by Arturo Sangalli, Princeton University Press, 2020.

미주

머리말

1 르네상스 시대에 이탈리아에서 독학으로 수학자가 된 천재가 있었다. 그가 수학자 타르탈리아(Tartaglia, 1499~1557)이다. 그는 몹시 가난하여 수학을 가르치거나 수학 경진대회에서 받은 상금 등으로 생계를 유지했다. 그 당시 수학 경진대회에는 3차 방정식 문제가 자주 등장했고, 타르탈리아가 최강자였다. 그는 방정식의 풀이법을 비밀로 하다가 1539년 수학자 카르다노(Girolamo Cardano, 1501~1576)에게 그 해법을 시로 말해 주었다. 그의 시는 다음과 같이 시작한다.

> 큐브와 그것들을 합하여
> 어떤 수와 같을 때
> 차이가 그 수가 되는 두 수를 찾으라.
> 그러면 이것에 익숙해지고
> 그 곱은 그것들의 삼분의 일의
> 큐브와 항상 똑같으리라.

위의 시가 3차 방정식만큼이나 난해해서 카르다노는 애매한 부분에 대해서 직접 편지로 타르탈리아로부터 도움을 받아야 했다. 어려운 방정식을 서정적 이미지로 인식되는 '시'를 통해서 일부러 전하려고 했던 그의 의도 속에는, 그가 오랫동안 비밀로 간직해 왔던 아이디어를 쉽게 오픈시키고 싶지 않은 심경이 담기지 않았을까 하는 의구심이 들기는 하지만, 이것은 우리에게 신선한 충격을 준다. 어려운 수학 문제를 '시'로 말한다는 것은 쉬운 일이 아니다. 그것은 시가 직설법이 아니고 은유, 압축, 상징을 도구로 쓰기 때문이다.

참고로, 위의 시는 아래 사이트에 수록된 타르탈리아의 시를 필자가 번역한 것이다.

- https://blogs.scientificamerican.com/roots-of-unity/an-italian-poem-about-solving-the-cubic-equation.
- https://maa.org/press/periodicals/convergence/how-tartaglia-solved-the-cubic-equation-tartaglias-poem.

1장

1. Erwin Kreyszig, 『Advanced Engineering Mathematics』, John Wiley & Sons, 2011.

2. 전자회로는 저항(resister), 커패시터(capacitor), 인덕터(inductor) 그리고 트랜지스터로 주로 구성되어 있다. 그리고 전자회로를 통해서 흐르는 전류는 시간에 따라서 변하는데, 미분 방정식으로 나타낼 수 있다. 이 식을 풀면 전자회로에서 발생하는 전기량과 전기신호를 정확하게 알 수 있다.

3 파동 방정식(wave equation)으로부터 모든 파동(wave)이 나온다. 이런 점에서 파동 방정식은 '파동의 어머니'이다. 자세한 설명은 5장에 있다.

2장

1 여기서는 파동의 개념을 간단히 설명하기 위해서 단순한 파동을 예로 들었으나, 실제로 주변에서 경험할 수 있는 음파나 전자기파 등은 다수의 파동이 중첩된 복잡한 파동들이다.

3장

1 이언 스튜어트, 『수학사 강의』, 20면, 노태복(譯), 반니, 2016.

2 에르베 레닝, 『세상의 모든 수학』, 31면 이정은(譯), 다산사이언스, 2020.

3 알프레드 포사멘티어, 잉그마 레만, 『피보나치 넘버스』, 김준열(譯), 늘봄, 2012. 이 책 8면에 있는 인용문을 재인용을 했다.

4 앤드류 하지스, 『One To Nine (1에서 9까지)』, 두세진(譯), 21세기북스, 2010.

5   차이텐신, 『History Of Mathematics, 수학과 문화 그리고 예술』, 정유희역, 오아시스, 2019.

6   각도에서 1분(')은 $\frac{1}{60}$ 도(°)이고, 1초(")는 $\frac{1}{3600}$ 도이다.

7   바이트는 컴퓨터에서 정보를 처리하는 최소 단위를 말하고, 보통 1바이트(byte)는 8비트에 해당한다.

8   에르베 레닝, 『세상의 모든 수학』, 34면, 재인용, 이정은(譯), 다산사이언스, 2020.

9   피타고라스는 사모스 섬에서 태어났으며, 어린 시절 이집트를 비롯하여 여러 지방을 여행하면서 학문을 닦았을 것으로 추정된다. 기원전 530년경, 그는 이탈리아의 크로토네로 이동하여 피타고라스 학파를 세웠다. 그의 제자들은 피타고라스가 개발한 종교적 의식과 훈련을 수행하고 그의 철학 이론을 공부했다.

10   토비아스 단치히, 『수의 황홀한 역사』, 61면, 심재관역, 넥서스, 2007.

11   ibid. 64면에 있는 인용문을 재인용했다.

12   이언 스튜어트, 『수학사 강의』, 33면, 노태복(譯), 반니, 2016.

13 토비아스 단치히, 『수의 황홀한 역사』, 65면, 심재관역, 넥서스, 2007.

14 이언 스튜어트, 『수학사 강의』, 47면, 노태복(譯), 반니, 2016.

15 원주율, π를 여러 형태의 수열(numerical series, infinite products)이나 함수(trigonometric, inverse trigonometric, hyperbolic fuctions...)의 합, 적분 또는 연분수로 나타낼 수 있다. 이 식들을 이용하는 경우, 원주율 값을 구할 수 있다. 다음 문헌을 참고 바람. Gradshteyn and Ryzhik, 『Table Of Integrals, Series And Products』, Corrected And Enlarged Ed., Academic Press, 1980.

16 https://en.wikipedia.org/wiki/Pi

17 Nayandeep Baruah, Bruce Berndt, Heng Chan, 「Ramanujan's Series for $1/\pi$: A Survey」, 『The Mathematical Association of America』 116, August-September 2009, pp. 567-587.

18 https://en.wikipedia.org/wiki/Normal_number

19 정수 계수를 갖는 다항식(polynomial)의 해가 되는 수를 대수적인 수(algebraic number)라고 한다. 예를 들어서 정수, 사칙연산, 제곱근으로 나타낼 수 있는 수는 작도 가능한(constructible) 수로 불리고 대수적인 수에 속한다. 그리고 대수적이지 않은 수를 초월수라고 부른

다. 즉 초월수는 정수 계수를 갖는 다항식의 해가 될 수 없는 수를 말한다. 예를 들어서 $\sqrt{2}$는 다항식 $x^2-2=0$의 해가 되기 때문에 대수적인 수인 무리수이지 초월수는 아니다.

20 수학에서 자연로그 함수를 $x=\log_e y$라고 표현하여 밑이 10인 로그($x=\log_{10} y$)와 구분하기도 하지만, 과학에 나오는 거의 모든 로그가 자연로그이기 때문에 밑을 생략하고 $x=\log y$라고 사용한다. 이때 로그함수의 역함수가 지수함수이기 때문에 $y=e^x$는 지수함수이다.

21 이것을 방정식으로 나타내면, $x(10-x)=40$이고, 다시 정리하면 $x^2-10x+40=0$이다. 이 식의 두 근은 각각 $5+\sqrt{-15}$와 $5-\sqrt{-15}$이다. 지금은 근의 공식을 이용하면 고등학생이면 누구나 구할 수 있다. 그러나 500년 전에 허수로 해를 나타낼 수 있었다는 것은 놀라운 일이 아닐 수 없다.

22 모든 실수 혹은 허수를 계수로 갖는 n차 대수 방정식은 중근을 포함해서 정확히 n개의 해를 갖고 있다. 이것을 대수학의 기본 정리(the Fundamental Theorem of Algebra)라고 부르며, 가우스가 증명했다. n차 방정식, $a_n x^n + a_{n-1} x^{n-1} + \ldots + a_1 x + a_0 = 0$에서 $a_n \neq 0$이다.

23 Edward Kasner, James Newman, 『Mathematics and the Imagination』, Dover, 2001.

24 지즈강, 『스학의 역사』, 권수철(譯), 187면, 더숲, 2011. 본문에 있는 인용문은 이 책의 글을 재인용 했다.

25 https://en.wikipedia.org/wiki/Quaternion

4장

1 Howard Eves, 『An Introduction To The History Of Mathematics (수학사)』, 이우영, 신항균(譯), 70면, 경문사, 2005.

2 이 급수들은 기하학적인 방법을 이용하거나, 어떤 함수를 테일러 급수(Taylor series)나 푸리에 급수(Fourier series)로 전개해서 얻을 수 있다.

3 이경식, 「수학과 시: 수학적 상상력을 넘어 '수학으로 시 쓰기'」, 『국제언어문학』, 53호, 33-51면, 2022.

4 Neil Sloane, 『A Handbook of Integer sequences』, Academic Press, 1973.

5 OEIS 홈페이지, https://oeis.org/wiki/Welcome

6 https://www.youtube.com/watch?v=LCWglXljevY&t=18s

7 양영오, 「피보나치수열에 대한 고찰」, 『Historia Mathematica』, 제 13권, 1호, 63-76면, 2000.

8 우선 피보나치수열의 성질에 따라서, n번째 항과 n+1번째 항을 더하면 n+2번째 항이 나온다. 따라서 다음 점화식(recurrence relation) $F_{n+2} = F_{n+1} + F_n$을 얻을 수 있고, 이 식으로부터 $\sum_{i=1}^{n} F_i = F_1 + F_2 + F_3 + \cdots + F_n = F_{n+2} - 1$, $\sum_{i=1}^{n} F_i^2 = F_n F_{n+1}$, $F_n^2 + F_{n+1}^2 = F_{2n+1}$ 등을 얻을 수 있다. 자세한 것은 참고문헌, 포사멘티어와 레만의 『피보나치 넘버스』를 참고하기 바란다.

9 알프레드 포사멘티어, 잉그마 레만, 『피보나치 넘버스』, 김준열(譯), 늘봄, 2012.

10 다음 식을 만족하는 직사각형을 '황금 직사각형'이라고 한다.
$\frac{a}{b} = \frac{a+b}{a} = 1.61803\cdots$, 여기서 $a, b =$ 두 변의 길이이다.

11 ibid, 267면.

12 이시경, 「피보나치의 꽃」, 『시와경계』 겨울호, 74면, 2022.

13 알프레드 포사멘티어, 잉그마 레만, 『피보나치 넘버스』, 김준열(譯), 늘봄, 194면, 2012.

5장

1 $x=1$에서 구변 값을 구하는 과정에서, 지수 법칙 $10^0 = 1$을 이용했다.

2 이시경, 「사랑의 해법을 말하다」, 『다시올 문학』 가을호, 201면, 2013.

3 다시 말해서 y의 변화율, dy/dx를 '미분', 좀 더 구체적으로 말해서, 변수 'x에 대한 함수 $y(x)$의 1차 또는 1계 미분(first derivative, 1차 도함수)'이라고 말한다. 또한 이러한 미분이 포함된 방정식을 미분 방정식이라고 하고, 1차 또는 1계 미분이 포함된 방정식이기 때문에 1차 또는 1계 미분 방정식이라고 부른다. 1차 미분을 dy/dx로, 2차 미분(second derivative, 2차 도함수)을 d^2y/dx^2로 표기하는 것은 뉴턴(Isaac Newton 1643~1727)과 함께 미적분을 발명한 라이프니츠(Gottfried Wilhelm Leibniz, 1646~1716)의 표기법이다.

4 시간 dt 동안에 위치 변화가 dy만큼 있었다는 것은 위치 변화율이 dy/dt라는 것을 의미한다. 이때 함선의 위치 변화율, dy/dt를 변수 't에 대한 함수 $y(t)$의 1차 미분'이라고 말한다. 여기서 함선의 '위치 변화율', 즉 1차 미분, 'dy/dt'는 함선의 '속도'와 같다.

5 앞에서 설명했듯이 속도 $v(t)$는 위치 함수 $y(t)$를 미분하면 구할 수 있다. 다시 말해서 속도는 위치의 변화율, 즉 $v(t) = dy/dt$이며, 속

도의 단위는 (m/s)이다. 마찬가지로 가속도가 속도의 변화율 dv/dt 이기 때문에 속도를 미분하면 가속도 $a(t)$가 나온다. 따라서 다음 식이 성립한다. $a(t) = dv/dt = d^2y/dt^2$이다. 이 식은 가속도는 속도의 1차 미분(도함수)과 같고, 위치 함수 $y(t)$의 변화율의 변화율, 즉 2차 미분과 같다는 뜻이다. 가속도의 단위는 (m/s²)이다.

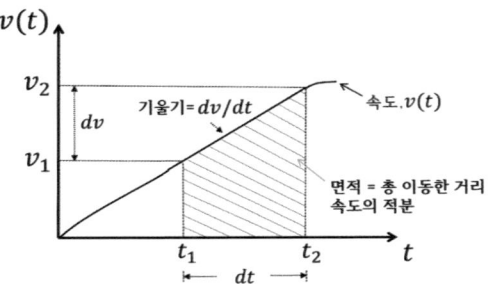

위 그림에서 시간 t_1과 t_2 사이에서 속도의 변화율인 기울기가 거의 일정하다는 것을 알 수 있는데, 이것은 속도의 변화율인 가속도가 그 시간 동안 거의 일정하기 때문이다.

6 여기서 속도 함수 $v(t)$를 적분한다는 의미는 위 그림에 있는 속도선 아래, 시간 t_1과 t_2 사이의 면적을 모두 더한 총면적(빗금 친 부분)을 말한다. 바로 이 총면적이 t_1과 t_2의 시간 동안 함선이 이동한 총 거리가 된다.

7 여기서 y_0는 방사성 물질의 초깃값이다. 일반적인 풀이 과정은 이 책의 범위를 벗어나기 때문에 생략한다.

8 위 미분 방정식의 양변을 적분하면 해가 구해진다. 여기서 $t=0$에서의 위치인 초기점(y_0)을 원점(0)으로 가정했다.

9 이 현상을 Bouguer-Beer-Lambert 법칙으로 설명한다. 독일 수학자이며 과학자인 비어(August Beer, 1825~1863)는 균일한 매질의 얇은 층을 통과하는 빛의 강도 손실은 이 강도와 매질의 두께 d에 비례한다고 가정했다. 이것으로부터 미분 방정식을 제시한 사람은 프랑스 과학자 부게르(Pierre Bouguer, 1698~1758)이며, 프랑스 수학자 람베르트(Johann Lambert, 1728~1777)에 의해서 최종적으로 수학적인 형태가 되었고, 그 해는 $I(d) = I_0 e^{-\alpha d}$이다. 여기서 I_0 =빛의 초기 강도, α =흡수 계수(absorption coefficient)이다. 위 식을 Bouguer-Beer-Lambert 법칙 또는 Beer-Lambert 법칙 등 여러 가지 이름으로 불린다. 자세한 것은 Thomas Mayerhofer의 논문을 참고하기 바란다.

10 벨기에 통계학자 버헐스트(Verhulst)가 1838년 처음 발견한 방정식으로 로지스틱 방정식(logistic equation) 또는 버헐스트 방정식이라고 부른다.

11 로지스틱 모델에 의하면 처음에는 폭발적으로 증가하던 인구도 공간과 자원이 부족하게 되면 더 이상 증가하지 않고 나중에는 최대 인구(L)에 머물게 된다는 것이다. 로지스틱 방정식은 인구의 증가율(dp/dt)이 인구 p와 $L-p$의 곱에 비례한다는 가정에서 얻어진다. 다시 말해서 로지스틱 방정식은 $dp/dt = rp(L-p)$와 같다.

12 Erwin Kreyszig, 『Advanced Engineering Mathematics』, Chap. 1, John Wiley & Sons, 2006.

6장

1 노벨상을 받은 오스트리아 물리학자인 에르빈 슈뢰딩거(1887-1961)가 1926년에 물리학회에 발표한 파동 방정식이다. 슈뢰딩거 방정식, $i\hbar\frac{\partial \psi}{\partial t} = -\frac{\hbar^2}{2m}\frac{\partial^2 \psi}{\partial x^2} + V\psi$ 으로부터 원자에 구속된 전자가 어떠한 상태에 있는지, 즉 전자의 에너지와 파동 함수 ψ 등을 알 수 있다. 여기서 m과 V는 각각 전자의 질량과 위치에너지이다.

2 Eugene Hecht, 『Optics』, Chapter 3, Addison-Wesley, 2017

3 건축물의 단순 진동자 모델은 아래와 같다. m_1, m_2 = 각 층의 질량, k = 건축물의 강성 계수이다.

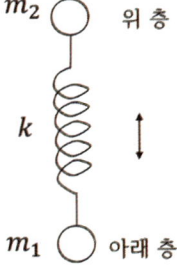

4 정지해 있는 물체를 아래로 y만큼 잡아당기면 반대 방향 즉, 위로 y에 비례하는 복원력(restoring force, 반발력, 또는 탄성력) F_1이 발생한다. 이때 $F_1 = -ky$이며, 비례 상수 k를 용수철 상수라고 한다. 이 법칙을 발견자인 영국의 물리학자 훅(Hooke)의 이름을 따서 훅의 법칙(Hooke's law)이라고 부른다.

5 정지 상태(그림 7(a))에 있는 물체를 그림 7(b)처럼 y만큼 당겼다가 놓게 되면, 물체가 정지한 위치로부터 아래위로 수직 운동을 한다. 이때 미소 시간(dt) 당 위치의 변화량(dy), 즉 dy/dt는 물체의 운동 속도(v)가 되고, 미소 시간당 속도의 변화량(dv), 즉 dv/dt는 시간 t에서의 가속도(a)와 같으며 d^2y/dt^2라고 쓴다는 것을 기억하자.

그리고 물체가 구체적으로 어떻게 운동하는지를 알기 위해서 위 질량-스프링 시스템에 뉴턴의 제2법칙을 적용해 보자. 뉴턴의 제2법칙에 의하면 물체에 작용하는 알짜 힘(net force, F)이 클수록 물체의 운동량(mv)의 변화는 커진다. 따라서 뉴턴의 제2법칙을 식으로 쓰면 $F = m(dv/dt) = ma$이다. 그리고 그림 7(b)에서처럼 평형 상태($y = 0$)로부터 물체의 위치가 y만큼 아래로 이동할 때 물체의 운동 방향과 반대 방향으로 반발력(restoring force, 복원력, 또는 탄성력 F_1)이 발생하는데, 이 반발력은 훅의 법칙에 따라서 y에 비례해서 커지며 $F_1 = -ky$와 같다. 이 반발력 F_1이 물체에 작용하는 유일한 힘이기 때문에 다음 식이 성립한다. $F = m(dv/dt) = m(d^2y/dt^2) = ma = F_1 = -ky$. 이 식을 다시 정리하면 2차 미분 방정식, 식 (1)을 얻을 수 있다.

6 고유 진동수(natural frequency, 고유 주파수, f_0)는 공명 진동수

미주 189

(resonant frequency)라고도 불리며, 주기($T=2\pi/w_0$)의 역수와 같다. 그리고 w_0는 각주파수(angular frequency)이며, $w_0=\sqrt{k/m}$이다. 그러나 $w_0(=2\pi f_0)$를 고유 진동수라고 부르기도 한다.

7 아래 그림은 외부 마찰력을 무시하는 경우 진동의 크기가 감소하지 않고 지속적으로 운동하는 진동자의 조화 진동(harmonic oscillation)의 모습이다. 초기 위치가 y_0이고, T는 한 주기이다.

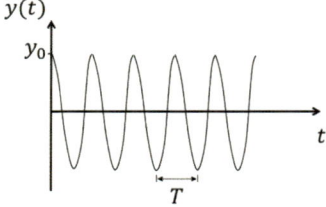

8 물체가 속도 $v(=dy/dt)$로 움직이면 속도에 비례하는 마찰력(friction force) F_2가 물체의 운동 방향과 반대 방향으로 물체에 작용하여 물체의 운동을 감쇠시킨다. 이때 $F_2=-\gamma\, dy/dt$이며, 비례 상수 γ를 감쇠 상수(damping constant)라고 한다. 따라서 물체에 가해지는 전체 힘 F는 복원력 F_1 외에 F_2가 추가되어 다음과 같이 된다. $F=F_1+F_2$.

9 아래는 실제로 마찰력이 있는 감쇠 조화 진동자의 모델이다. (a)는 외부 구동력(F_{ext})이 없는 경우이고 (b)는 외부 구동력이 가해진 경우이다. 회색으로 칠한 부분은 주변 매질과의 마찰로 인해서 감쇠가 일어나는 것을 나타낸다

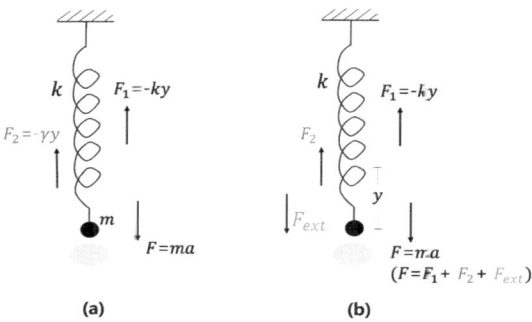

10 마찰력이 없는 구동 조화 진동자에 대한 미분 방정식 (4)에서, $w = w_0$일 때, 즉 공명이 일어나는 경우에는, 위 미분 방정식은 $d^2y/dt^2 + w_0^2 y = (F_0/m)\cos w_0 t$가 되고, 이 식을 풀면 방정식의 해 (particular solution), $y(t) = bt\sin w_0 t$를 구할 수 있다. 여기서 $b = F_0/(2m w_0)$는 상수이다.

11 아래 그림으로부터 구동 진동자에서 공명($w = w_0$)이 일어나면 시간이 지남에 따라서 주기 $T = 2\pi/w_0$는 일정하지만, 진동자의 진동폭은 점점 커진다는 것을 알 수 있다.

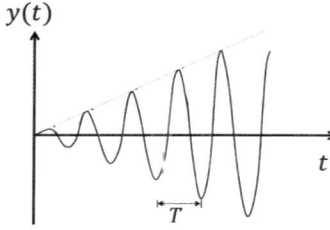

12 외부의 빛(광파, optical field, $E_0 \cos\omega t$)이 원자 시스템에 입사할 때, 빛이 전자에 작용하는 힘, 즉 가해지는 힘은 $F_{ext}=eE_0\cos\omega t$이다, 여기서 e는 전자의 전하량이고, E_0와 ω는 각각 광파의 크기와 진동수를 말한다.

13 https://en.wikipedia.org/wiki/Tacoma_Narrows_Bridge_(1940)

14 https://www.youtube.com/watch?v=XggxeuFDaDU. 이 동영상을 통해서 타코마 다리가 어떻게 붕괴하는지 당시의 모습을 알 수 있다. 특히 좌우로 천천히 비틀림 진동하는 모습은 충격적이다.

15 지속해서 부는 어중간한 바람에도 좌우로 흔들거리는 비틀림 진동(tortional flutter oscillation)이 발생하여 점점 진동의 폭이 증가하다가 결국 다리가 파괴될 수 있다.

16 https://en.wikipedia.org/wiki/Broughton_Suspension_Bridge

17 '전류'는 '전하(electric charge)의 흐름', 즉 '전자의 흐름'을 뜻한다. 그러나 전류의 이동 방향은 전자의 이동 방향과 반대이다. 그 이유는 전류의 방향을 양전하(positive charge)의 이동 방향으로 정의할 그 당시에는, 음전하(negative charge)를 띤 전자의 존재가 알려지지 않았기 때문이다. 참고로, 1개의 전자가 가진 전하량의 크기는 1.6×10^{-19}쿨롱(coulomb)이고, 쿨롱은 전하의 단위이다. 그리고 전류 $i(t)$가 '단위 시간당 흘러가는 전하 q의 양'을 의미하기 때문에

식으로 나타내면 $i(t) = dq/dt$와 같다.

18 저항에서 열로 소모되는 전력(p)는 $p = i^2 R$과 같다.

19 전류가 전하의 흐름을 뜻하기 때문에 전류가 입력된다는 것은 전하의 유입을 의미한다. 이때 유입된 전하들로 인해서 두 금속판에 극성이 서로 반대이고 크기가 같은 전하량 $+q, -q$이 걸리게 된다. 만일 커패시터의 용량이 커패시턴스(capacitance) C라고 하면 두 단 사이의 전기적 위치에너지(electrical potential energy, 전압) V는 다음 식과 같다. $V = q/C$.

20 아래 저항-콘덴서(RC) 회로에서 $V_s(t)$는 회로의 입력단에 인가한 전원이고, $V(t)$는 커패시터 양단, 출력단의 전압이다. 입력단에 있는 스위치 S를 닫으면 커패시터에 충전된 전기가 방전된다.

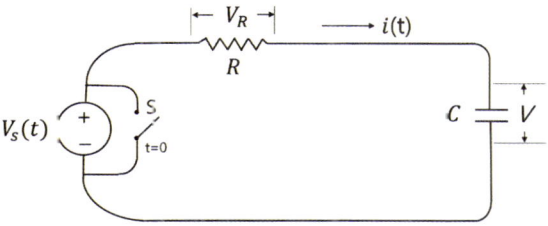

21 출력단을, 커패시터의 양단으로 잡으면 저주파 신호를 통과시키는 저역통과 필터(low-pass filter)가 되고, 저항의 양단으로 잡으면 고주파 신호를 통과시키는 고역 통과 필터(high-pass filter)가 된다.

22 독일 물리학자인 키르히호프(Gustav Robert Kirchhoff, 1824~1887)는 1845년 전기회로에 대한 2개의 법칙을 기술했다. 그 중 하나인 키르히호프의 전압 법칙(Kirchhoff's Voltage Law, KVL)에 의하면, 닫힌 하나의 회로 안에서 전압 강하의 합과 인가 전원의 합은 같아야 한다. 즉, 위 회로에서 저항에서의 전압 강하 V_R $(=Ri)$와 커패시터 양단의 전압 V의 합은 입력 전원 V_s와 같아야 한다. 따라서 $V_R + V = V_s$가 성립한다. 그리고 $V_R = Ri$이고, $i(t) = dq/dt = C\,dV/dt$이므로 다음 식 $RC\,dV/dt + V = V_s$을 얻을 수 있고 양변을 RC로 나누면 식 (5)가 된다.

23 전하에 대한 관계식 $q = CV$로부터 커패시터에 충전된 전하량 $q(t) = q_0 e^{-t/RC}$가 얻어진다. 여기서 커패시터의 초기 전하량 $q_0 = CV_0$이다.

24 패러데이 법칙은 영국의 물리학자 패러데이(Faraday)가 1831년 발견한 법칙으로 자속(magnetic flux, ϕ)의 변화는 기전력(electromotive force, emf)을 일으킨다는 것이다. 따라서 코일(인덕터)에 시간에 따라 변하는 시변(時變) 전류가 흐르면, 시변 자속이 발생하고 패러데이 법칙에 의해서 코일 양단에 기전력이 발생한다. 패러데이 법칙을 식으로 쓰면 $emf = -d\Phi/dt$이다. 여기서 $d\Phi/dt$는 자속의 시간 변화율이고, 음의 부호는 유도 기전력이 자속의 변화를 방해하는 방향이라는 것을 의미한다.

25 우선 저항-인덕터 회로에 키르히호프 법칙을 적용해 보자. 저항과

인덕터 양단의 전압 강하는 각각 $V_R = Ri$와 $V(t) = L(di/dt)$이고, 이 합이 입력 전압 V_s와 같아야 하므로 전류 $i(t)$에 대한 미분 방정식은, $L\frac{di}{dt} + Ri = V_s$이다.

26 이 회로에 초기 전류가 흐르지 않는다(즉 $i(0) = 0$)라고 가정하고, 방정식의 해를 풀면, $i(t) = (V_s/R)(1 - e^{-(R/L)t})$이 된다. 이 식으로부터 시정수($R/L$) 값이 클수록 전류가 최대치($V_s/R$)에 더 천천히 접근한다는 것을 알 수 있다.

27 다음은 저항 R, 인덕터 L, 커패시터 C가 직렬로 입력 전원 V_s에 연결된 RLC 회로이다.

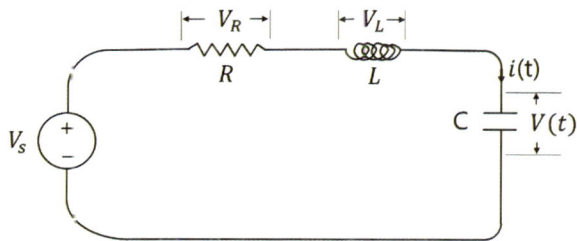

28 키르히호프 법칙에 따라서 $V_R + V_L + V = V_s$가 성립하며, $V_R = Ri$, $V_L = L(di/dt)$이고, 커패시터 양단의 전압 $V = q/c = (1/c)\int idt$이므로 $L(di/dt) + Ri + (1/C)\int i(t)dt = V_s$이고, 이 식의 양변을 t에 대해서 미분하면 $i(t)$에 대한 2차 미분 방정식 (6)을 얻게 된다. 식 (6)에서 $V_s' \equiv dV_s/dt$ 이다.

7장

1 간단히 파동(wave)을 수식으로 기술하기 위해서 가장 많이 사용되는 파동 함수는 사인이나 코사인 함수이다. 파동이 x-방향으로 진행할 때 파동의 형태가 불변한다고 가정하는 경우, 사인 파동 함수는 $\Psi(x,t) = A\sin(kx - wt) = A\sin 2\pi(x/\lambda - ft)$이다. 여기서 $w = 2\pi f$, A=파동의 진폭, λ=파장, f=주파수이다. 파동을 복소 지수함수, $\Psi(x,t) = Ae^{-i(kx-wt)}$로 나타내기도 한다.

2 광통신에서 솔리톤 형태의 광신호를 광섬유를 통해서 전송하는 경우, 중계기 없이 초장거리 통신이 가능하다. 이때 솔리톤의 형태는 쌍곡선 코사인 역함수(hyperbolic secant, sech)이다.

3 『Advanced Engineering Mathematics, Erwin Kreyszig』에 수록된 파동 방정식은 $\frac{\partial^2 u}{\partial t^2} = c^2 \frac{\partial^2 u}{\partial x^2}$이다. 여기서 c는 장력 등에 의해서 주어지는 상수이고, $u(x,t)$는 파동 함수이다.

4 여기서 파동 방정식은 $\frac{\partial^2 \Psi}{\partial x^2} = \frac{1}{v^2}\frac{\partial^2 \Psi}{\partial t^2}$이며, $\Psi(x,t)$는 파동 함수이고, v는 파동의 속도이다.

5 텔레파시나 이심전심으로 메시지를 양자 간에 서로 주고받으면서 그 속도를 측정한 실험 데이터는 아직 보고된 바가 없다. 따라서 이 부분은 과학적으로 증명된 것이 아니고 필자 개인의 상상력에 기반한 생각이 개입되어 있음을 밝힌다.

6   William Hayt, 『Engineering Electromagnetics』, Chapter 11, McGraw-Hill, 2007.

7   좌원 편광과 우원 편광이 혼합된 편광을 타원 편광이라고 말한다. 이때 만일 좌원 편광 성분의 크기가 우원 편광 성분의 크기보다 강하면 좌타원 편광이고, 반대로 우원 편광 성분의 크기가 좌원 편광 성분의 크기보다 강하면 우타원 편광이 된다.

8장

1   함수 $y(x)$에 대한 미분 방정식이 있다고 하자. 만일 '미분 방정식'에 있는 $y, dy/dx, d^2y/dx^2, \ldots$가 '선형적(linear)'적으로 구성되어 있다면, 그 방정식을 '선형 미분 방정식(linear differential equation)'이라고 부른다. 따라서 $d^2y/dx^2 + a(dy/dx) + by = x$는 선형 미분 방정식이고, $d^2y/dx^2 + by^2 = x$와 $a(dy/dx)^2 + by = x$는 각각 제곱 항, y^2과 $(dy/dx)^2$을 포함하고 있는 비선형 미분 방정식이다. 그리고 선형 미분 방정식들로 나타낼 수 있는 시스템을 선형 시스템(linear system)이라고 말할 수 있다.

따라서 로지스틱 방정식을 제외하고 지금까지 이 책에서 언급한 모든 미분 방정식은 '선형 미분 방정식'이고 그들로 구성된 시스템들은 모두 '선형 시스템'들이라고 말할 수 있다. 이러한 시스템에는 앞에서 다룬 기계적, 전기적 시스템 외에도 광학적, 자기적, 열적 시스템을 포함하여 우리 주변에 많이 있다. 그러나 아무리 선형 시스템이라 하더라도 실제로는 입력 신호의 크기 등 여러 가지 조건에 따라서 선형 영역이 크게 제한될 수 있다.

2 2개의 루프가 있는 전기 회로망의 구성도이다. 아래 회로도에서 I_1은 왼쪽 루프로 흐르는 전류이고, I_2는 오른쪽 루프로 흐르는 전류이다. 단, 저항 $R_1 = R_2 = 1$옴(Ohm), 인덕턴스 $L_1 = L_2 = 1$헨리(Henry)이고, 인가전압 V는 10볼트이다.

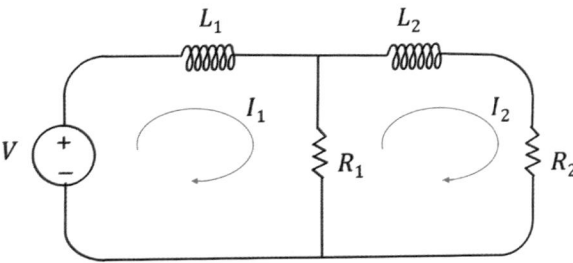

3 왼쪽 루프에 키르히호프 전압 법칙을 적용하면 1차 미분 방정식 $L_1 I_1' + R_1(I_1 - I_2) = V$를 얻을 수 있고, 마찬가지로 오른쪽 루프로부터 $R_1(I_2 - I_1) + R_2 I_2 + L_2 I_2' = 0$를 구할 수 있다. 이 두 식을 정리하면 2개의 미분 방정식, 즉 연립 미분 방정식이 된다. 만일 저항 $R_1 = R_2 = 1$옴이고, 인덕턴스 $L_1 = L_2 = 1$헨리이면, 연립 방정식은 다음과 같이 된다.

$$I_1' = -I_1 + I_2 + 10$$

$$I_2' = I_1 - 2I_2$$

위 식에서 $I_1' \equiv dI_1/dt$, $I_2' \equiv dI_2/dt$이고, 인가 전압은 10볼트이다.

4 위에서 설명한 루프 2개가 있는 전기 회로망에 대한 연립 방정식을 매트릭스 A, 벡터 $\bar{I}$와 g로 간단히 나타내면 아래와 같다.

$\bar{I}' = A\bar{I} + g$ 이고, $A = \begin{bmatrix} -1 & 1 \\ 1 & -2 \end{bmatrix}$, $\bar{I}' = \begin{bmatrix} I_1' \\ I_2' \end{bmatrix}$, $\bar{I} = \begin{bmatrix} I_1 \\ I_2 \end{bmatrix}$, $g = \begin{bmatrix} 10 \\ 0 \end{bmatrix}$ 이다.

매트릭스 A로부터 고윳값(eingen value)과 고유벡터(eigenvector)를 구해서 해를 구할 수 있다. 만일 그림 10처럼 회로망이 n개의 루프를 포함하고 있으면, n개의 미분 방정식으로 구성된 1차 연립 방정식이 나오고, 시스템의 매트릭스는 행과 열이 각각 n개인 $n \times n$ 매트릭스가 된다. 고윳값과 해를 푸는 방법은 앞의 경우와 동일하다. 자세한 방법은 참고문헌, 『Advanced Engineering Mathematics, Erwin Kreyszig』을 참조하라.

5 4개의 2차 미분 방정식은 다음과 같이 매트릭스로 나타낼 수 있다.

$\bar{y}'' = A\bar{y}$, 여기서 벡터 $\bar{y} = \begin{bmatrix} y_1 \\ y_2 \\ y_3 \\ y_4 \end{bmatrix}$, $A = 4 \times 4$ 매트릭스, $y'' \equiv d^2y/dt^2$.

위 매트릭스 A는 4개의 행(row)과 4개의 열(column)로 이루어진 행렬로, 총 16개의 성분을 갖고 있으며 그 성분들은 회로망의 파라미터 값들인 m_i와 k_i에 따라서 달라진다. 매트릭스로부터 고윳값, 고유벡터 그리고 해를 구하는 방법은 전기 회로망의 경우와 같다.

9장

1   임의의 함수를 삼각함수 (즉, 사인 함수와 코사인 함수)의 무한급수로 나타낸 것을 푸리에 급수(Fourier series)라고 한다. 이 방법으로 불연속적인 함수를 포함해서 거의 모든 함수를 푸리에 급수로 근사화할 수 있다. 물론 함수를 무한급수로 나타내는 것은 스위스 수학자 베르누이(Daniel Bernoulli, 1700~1782)가 처음 1740년대에 제안했으나, 푸리에는 1807년 베르누이가 구할 수 없었던 무한급수의 계수(푸리에 계수)까지도 함수의 적분 형태로 나타낼 수 있었다. 다음은 푸리에가 임의의 함수 $f(x)$를 삼각함수의 무한급수(infinite trigonometric series)로 나타낸 식이다.

$$f(x) = \frac{1}{2}a_0 + \sum_{n=1}^{\infty} a_n \cos(nx) + \sum_{n=1}^{\infty} b_n \sin(nx),$$

위 식에서 a_0, a_n, b_n은 푸리에 계수(Fourier coefficient)이며, 아래와 같이 주어진다.

$$a_0 = \frac{1}{2\pi}\int_{-\pi}^{\pi} f(x)\,dx$$

$$a_n = \frac{1}{\pi}\int_{-\pi}^{\pi} f(x)\cos nx\,dx$$

$$b_n = \frac{1}{\pi}\int_{-\pi}^{\pi} f(x)\sin nx\,dx$$

2 어떤 함수 $f(x)$를 '푸리에 변환' 한다는 의미를 수학적으로 나타내면, $\int_{-\infty}^{\infty} f(x)e^{-iux}dx$이다. 자세한 것은 『Advanced Engineering Mathematics, Erwin Kreyszig』을 참조하라.

3 Z-변환은 푸리에 변환과 거의 비슷하지만 약간 다르다. 즉, 어느 함수에 복소 지수함수를 곱하는 것까지는 같다. 그러나 푸리에 변환이 모든 주파수에 걸쳐서 연속적으로 적분하는 반면, Z-변환에서는 모든 성분의 항들을 전부 이산적으로(discretely) 더한다.

4 이 글은 참고문헌 『God Created The Integers, Stephen Hawking』에 실린 수리 물리학자 켈빈의 글을 필자가 번역한 것이다. 원문 내용은 다음과 같다.

"Fourier s Theorem is not only one of the most beautiful results of modern analysis, but it is said to furnish an indispensable instrument in the treatment of nearly every recon

미주 201

dite question in modern physics. ... Fourier is a mathematical poem."

맺음말

1 천재 수학자 라플라스가 남긴 말은, 참고문헌 [『An Introduction To The History Of Mathematics, Howard Eves』, 이우영, 신항균 (譯), 경문사, 2005]에 있는 인용문을 필자가 재인용했다.

수학을 시로 말하다

초 판 발 행 | 2024년 2월 1일

지 은 이 | 이시경
펴 낸 이 | 이경식
편　　 집 | 김민하
표지 디자인 | 이진아
펴 낸 곳 | 시와과학
등 록 번 호 | 제2019-000019호
등 록 일 자 | 2019년 2월 1일
주　　 소 | 경기도 용인시 수지구 상현로 30-10, 4813-503
전　　 화 | 010-4203-7113
전 자 우 편 | poetrynscience@naver.com
블 로 그 | https://blog.naver.com/poetrynscience

ISBN 979-11-979229-3-0 03410

값 18,000원

* 이 책은 전부 또는 일부 내용을 재사용하려면 저자와 '시와과학'의 동의를 받아야 한다.
* 이 도서의 국립중앙도서관 출판도서목록은 서지정보유통지원시스템 홈페이지(https://seoji.nl.go.kr)와 국가자료공동목록시스템(htt ps://www.nl.go.kr/kolisnet)에서 이용하실 수 있습니다.